COLLECTION

DE

MINÉRALOGIE

DU

MUSÉUM D'HISTOIRE NATURELLE

GUIDE DU VISITEUR

PARIS

LABORATOIRE DE MINÉRALOGIE

61, RUE DE BUFFON, 61

—

1896

COLLECTION DE MINÉRALOGIE

DU

MUSÉUM D'HISTOIRE NATURELLE

GUIDE DU VISITEUR

MACON, PROTAT FRÈRES, IMPRIMEURS.

COLLECTION

DE

MINÉRALOGIE

DU

MUSÉUM D'HISTOIRE NATURELLE

GUIDE DU VISITEUR

PARIS

LABORATOIRE DE MINÉRALOGIE

61, RUE DE BUFFON, 61

1896

AVANT-PROPOS

La *collection minéralogique* du Muséum vient d'être complétement remaniée.

Le but de cette réorganisation a été, non seulement de mettre la collection au courant des dernières recherches, mais encore d'en faciliter, dans la plus large mesure possible, l'étude aux visiteurs. A cet effet, une classification nouvelle a été suivie [1], des étiquettes pouvant servir de memento ont été placées en tête de chaque espèce, un catalogue par fiches a été mis à la disposition du public, enfin des séries spéciales (minéraux de la France, gisements des minéraux, etc.) ont été adjointes à la Collection générale, elle-même plus largement développée et enrichie de nombreuses espèces et variétés.

Il m'a paru utile de compléter ces perfectionnements par la publication d'un catalogue sommaire de toutes les espèces et variétés contenues dans la collection, énumé-

1. On peut se rendre compte de l'état de la collection à diverses époques dans les publications suivantes : 1813, *Tableau méthodique des espèces minérales*, par A.-H. Lucas ; — 1855, *Galerie de minéralogie et de géologie*, par J.-A. Hugard. D'autre part, M. Jannettaz a donné une liste alphabétique des espèces contenues dans la collection en 1878, dans le *Guide du géologue à l'Exposition universelle* publié par M. Hébert

rées dans leur ordre de classification, d'une part, et par ordre alphabétique, d'une autre, avec le numéro de la vitrine qu'elles occupent. Le visiteur pourra ainsi sans peine trouver immédiatement les minéraux qui l'intéressent.

Tel est le but de cette brochure, qui sera tenue au courant des autres perfectionnements en voie de préparation.

En 1793, quand fut organisé le *Muséum d'Histoire naturelle*, les minéraux contenus dans le *Cabinet du Jardin du roi*, et en grande partie réunis par Buffon, servirent de noyau à la collection actuelle, qui, depuis lors, s'est accrue par l'acquisition de plusieurs grandes collections particulières [1], par les envois des voyageurs du Muséum, par des achats, fort restreints, d'ailleurs, par suite de la modicité du crédit annuel, et enfin par des dons.

Ne pouvant donner ici la longue liste des donateurs depuis l'origine de la collection (leurs noms sont, du reste, inscrits sur chaque étiquette), je me contenterai de rappeler les noms de ceux qui, dans les dix dernières années, ont le plus contribué à enrichir nos galeries.

MM.

Albertini, Ancarani, Antoine, Bertrand (E.), Berto-

---

1. Les plus importantes sont les suivantes : Collection de Chantilly (1793), Coll. Weiss (1802), Coll. Brongniart (1823), Cabinet de la Monnaie (Coll. Sage 1825), Coll. Gillet de Laumont, comprenant la collection Romé de l'Isle (1835), Coll. Haüy (1848), Coll. de l'Académie des Sciences (1855), Coll. Dusgate (1874), Coll. Bischoffsheim (1890). Toutes ces collections, sauf celles de Haüy et de M. Bischoffsheim (diamants), ont été fondues dans la collection générale.

lio, Bing, Bischoffsheim (R.), Bombicci, Bouglise (de la), Bouhard, Braly, Bretonnel, Broche, Carnot, Castillo (del), Catat, Césaro, Chapuis, Cornu (M.), Cumenge, Damour, Daubrée, Delage, Dereims, Delessert (E.), Des Cloizeaux, Diguet, Drion, Durandière (de la), Egleston, Filhol, Fouqué, Franchet, Frémy, Fribourg, Frossard, Garreau, Gaubert, Gautier (A.), Gautier (P.), Gentil, Géruzet, Goguel, Gonnard, Gonnel, Gorceix, Gorgeu, Gosselet, Gourdon, Grandidier, Guyot de Grandmaison, Hanks, Hautefeuille, Huet, Hussak, Jannettaz, Jecker, Kunz, Lacroix (A.), Latteux, Leleu, Leriche, Limur (de), Lovisato, Martin (J.), Meunier (Stan.), Michel (L.), Milne-Edwards, Mirabaud (P.), Morineau, Mourgues, Müller (B^{on} de), Munier-Chalmas, Nentien, Nordenskiöld (Bon A.-E.), Puolti, Rabot, Ramond, Rolland (J.-B.), Schmalz, Schneider, Sclopis, Seligmann, Sol, Suberbie, Szabó, Taub, Thollon, Traverso, Ussing, Verbeck, Winchell, Wolf, Yersin.

En remerciant ces généreux donateurs, je fais, avec la certitude d'être entendu, un chaleureux appel à tous ceux qu'intéressent la Minéralogie et l'avenir de notre grande collection nationale.

Paris, *Laboratoire de Minéralogie du Muséum, 61, rue Buffon.*

1er janvier 1896.

A. LACROIX.

DISPOSITION DES COLLECTIONS

(VOIR LE PLAN)

En pénétrant sur le péristyle de la *Galerie de Minéralogie*, le visiteur trouve devant lui quelques gros échantillons hors série de minéraux et de roches ; laissant à sa droite la porte de la *Bibliothèque*, il entre dans une première salle renfermant les *collections de Haüy*, puis il arrive dans la *Galerie de Minéralogie*, qui comprend, non seulement les collections minéralogiques, mais encore celles de géologie et une partie de celles de paléontologie.

Les *collections minéralogiques* se trouvent exclusivement au rez-de-chaussée de la Galerie : *elles occupent toutes les armoires et vitrines* de son pourtour. La plupart des meubles centraux, ainsi que tous ceux du premier étage, renferment les collections de géologie et de paléontologie.

Les Collections minéralogiques comprennent :

1° La collection générale ;
2° Plusieurs collections spéciales ;
3° Des échantillons hors série.

COLLECTION GÉNÉRALE

La collection générale est contenue dans les vitrines horizontales et verticales comprises entre les colonnes. Chaque vitrine verticale porte un numéro (**M 1 à M 192**), le numérotage commençant à gauche en entrant.

Les minéraux sont rangés suivant la classification de M. Groth, à laquelle il a été fait des modifications de détail.

Chaque espèce est précédée d'une étiquette générale du modèle ci-après, constituant un memento pour le visiteur. D'une façon générale, pour une espèce donnée, on a placé tout d'abord les cristaux, isolés ou sur gangue, permettant de faire l'histoire cristallographique de la substance : ils sont accompagnés de nombreux modèles en bois ; à la suite sont exposés les échantillons intéressants à des points de vue divers, les variétés ayant reçu des noms spéciaux et enfin les produits d'altération.

Chaque échantillon porte une étiquette indiquant le *nom* de l'espèce ou de la variété, le *lieu d'où il provient*, le *nom du donateur* et enfin *deux numéros* : tout d'abord celui de la série d'entrée dont fait partie l'échantillon [0 à 95 (années 1800 à 1895)], puis un numéro dans la série. C'est ainsi que l'échantillon 95. 132 est le 132ᵉ échantillon entré dans la collection en 1895 [1].

L'ordre de classification a été rigoureusement suivi dans les armoires horizontales ; les armoires verticales renferment les échantillons hors série des espèces contenues dans les vitrines horizontales correspondantes. Quand le besoin s'en est fait sentir, des échantillons de grande taille des espèces contenues dans les deux vitrines horizontales contiguës y ont en outre été placés.

---

1. Cette indication de l'époque de l'entrée de l'échantillon dans la collection du Muséum n'est absolument exacte qu'à partir de la série 22. En 1822, Brongniart entreprit le catalogue de la collection et distribua tout ce qui existait alors en 22 séries (0 à 21). Ces 22 premières séries contiennent donc non seulement ce qui est entré dans la collection de 1800 à 1822, mais encore les échantillons du *Cabinet du Jardin du Roi* et tous ceux de la période comprise entre l'organisation du Muséum (1793) et 1800. Une série *a* a été faite toutefois pour un petit nombre d'échantillons antérieurs à 1800.

Les tiroirs situés au-dessous des vitrines 1 à 96 renferment les échantillons que le défaut de place n'a pas permis d'exposer. Ils correspondent aux espèces contenues dans les vitrines supérieures (étiquettes jaunes) et dans les vitrines situées symétriquement dans les travées de droite (étiquettes grises).

Catalogue. — Un catalogue de toutes les espèces et variétés contenues dans la collection est placé, à la disposition du public, à l'entrée de la galerie, à droite (Voir le plan). Chaque espèce ou variété y est représentée par une fiche mobile reproduisant les indications mentionnées en tête des espèces, avec en outre le numéro de la vitrine renfermant le minéral.

La table alphabétique du présent catalogue tiendra lieu de ce catalogue par fiches.

THORITE

Synonymes : *Thorine silicatée.*

Variétés : *Orangite, Uranothorite.*

Formule Chimique :

$Th\ Si\ O^4$.

Système Cristallin :

Quadratique.

Nature des Gisements :

Pegmatites, Syénites néphéliniques.

GRANDES DIVISIONS DE LA COLLECTION

<table>
<tr><td></td><td></td><td style="text-align:center">N^{os} des armoires</td><td></td></tr>
<tr><td>I.</td><td>Corps simples natifs [1]........</td><td>1 à 9</td><td rowspan="3">Première travée de gauche.</td></tr>
<tr><td>II.</td><td>Carbures, Sulfures, Séléniures, Tellurures, Phosphures, Arséniures, Antimoniures, Bismuthures....</td><td>10 à 40</td></tr>
<tr><td>III.</td><td>Sels haloïdes..............</td><td>41 à 48</td></tr>
<tr><td>IV.</td><td>Oxydes...................</td><td>49 à 72</td><td rowspan="4">Deuxième travée de gauche.</td></tr>
<tr><td>V.</td><td>Azotates.................</td><td>72</td></tr>
<tr><td>VI.</td><td>Carbonates...............</td><td>73 à 95</td></tr>
<tr><td>VII.</td><td>Sélénites et Manganites.....</td><td>96</td></tr>
<tr><td>VIII.</td><td>Sulfates, Iodates, Chromates, Molybdates, Tungstates...</td><td>97 à 114</td><td rowspan="5">Deuxième travée de droite.</td></tr>
<tr><td>IX.</td><td>Uranates ....</td><td>115</td></tr>
<tr><td>X.</td><td>Borates, Aluminates, Ferrates, Arsénites, Antimonites....</td><td>115 à 120</td></tr>
<tr><td>XI.</td><td>Phosphates, Arséniates, Antimoniates, Vanadates......</td><td>121 à 137</td></tr>
<tr><td>XII.</td><td>Niobates, Tantalates........</td><td>138 à 139</td></tr>
<tr><td>XIII.</td><td>Silicates, Titanates, Zirconates, Thorates, Stannates.</td><td>140 à 144
145 à 190</td><td>Première travée de droite [1].</td></tr>
<tr><td>XIV.</td><td>Composés organiques....</td><td colspan="2">Vitrine hors série (E) située à gauche de la fenêtre donnant sur la rue de Buffon (derrière la statue de Cuvier).</td></tr>
</table>

---

1. Une collection spéciale de diamant et de graphite a été placée dans les vitrines 191 et 192 (1re travée de droite), vis-à-vis de l'armoire n° 1.

LISTE DES ESPÈCES CONTENUES

DANS LA

COLLECTION GÉNÉRALE

(Les espèces sont énumérées dans leur ordre de classification, avec l'indication du numéro des vitrines qui les renferment. Les noms d'espèces sont écrits en romain, ceux des variétés en italiques. Sous la rubrique ALTÉR. sont indiqués les produits d'altération ayant reçu des noms spéciaux.)

	Armoires et vitrines.
I. Corps simples natifs [1].	
a) MÉTALLOÏDES.	
Diamant [1]	1
Bort, Carbone	»
Graphite	»
Soufre	1-2
Volcanite	»
Tellure	3
Arsenic	»
Allemontite	»
Antimoine	»
Bismuth	3-4
b) MÉTAUX.	
Platine	4
Iridplatine	»
Iridium	»
Iridosmine	5
Newjanskite, Sysserskite	»
Irite	»
Palladium	»
Allopalladium	»
Fer	»
Fers météoriques :	
Kamacite, Tænite, Plessite [2]	»
Plomb	»
Cuivre	5-6
Argent	6-7
Amalgame	»
Arquérite, Bordosite	»
Mercure	»
Or	7-8-9
Electrum, Rhodite, Porpézite	»

1. Une collection hors série de diamant et de graphite se trouve dans les vitrines 191 et 192.
2. Voir au meuble des *Météorites* placé au milieu de la galerie.

	Armoires et vitrines.
II. Carbures, Sulfures, Séléniures, Tellurures, Phosphures, Arséniures, Antimoniures, Bismuthures.	
a) SULFURES, SÉLÉNIURES DES MÉTALLOÏDES.	
Réalgar	10
Orpiment	»
Stibine	10-11
Bismuthinite	»
Guanajuatite	»
Frenzelite	»
Tétradymite	»
Joséite	12
Molybdénite	»
b) CARBURES, SULFURES, SÉLÉNIURES, ETC., DES MÉTAUX.	
Cohenite	12
Schreibersite	»
Rhabdite	»
Blende	13-14
Cléiophane, Schalenblende, Marmatite, Rahtite, Christophite	»
Alabandite	15
Troilite	»
Pentlandite	»
Würtzite	»
Spiauterite	»
Érythrozincite	»
Greenockite	»

	Armoires et vitrines.
Millerite	15
Nickeline	16
Arite	»
Breithauptite	»
Hauchecornite	»
Pyrrhotine	»
Polydymite	17
Grünauite	»
Sychnodymite	»
Linnéite	»
Siegenite	»
Leucopyrite	»
Hauerite	»
Pyrite	17-18-19-20
Cobaltine	20-21
Gersdorffite	»
Amoïbite, Dobschauite, Sommarugaïte	»
Corynite	»
Ullmannite	»
Smaltine	»
Cheleutite	»
Chloanthite	22
Chatamite	»
Sperrylite	»
Laurite	»
Marcasite	»
Mispickel	»
Danaïte, Plinian	23
ALTÉR. *Crucite*	»
Glaucodot	»
Alloclasite	»
Löllingite	»
Rammelsbergite	»
Skutterudite	»
Whitneyite	»
Domeykite	»
Condurrite	»

	Armoires et vitrines.
Umangite	23
Galène	24-25
Steinmannite, Plumbéine	»
Clausthalite	26
Zorgite	»
Lehrbachite	»
Altaïte	»
Argyrose	26-27
Aguilarite	»
Naumannite	»
Hessite	»
Chalcosine	»
Harrisite	28
Stromeyerine	»
Acanthite	»
Berzélianite	29
Eucaïrite	»
Petzite	»
Dyscrasite	»
Chañarcillite	»
Arsenargentite	»
Chilenite	»
Maldonite	»
Métacinabre	»
Guadalcazarite	30
Tiemannite	»
Covelline	»
Cinabre	30-31
Lautite	»
Sylvanite	»
Krennerite	»
Calavérite	»
Müllerine	»
Nagyagite	»

c) **Sulfosels des métaux (Sulfoferrures, etc., Sulfoarséniures, Sulfoantimoniures, etc.).**

	Armoires et vitrines.
Daubréelite	32
Érubescite	»
Chalcopyrite	32-33
Carrolite	»
Sternbergite	»
Frieséite	»
Livingstonite	»
Guéjarite	»
Berthiérite	»
Chalcostibite	»
Sartorite	34
Lorandite	»
Emplectite	»
Zinkenite	»
Galénobismutite	»
Alaskaïte	»
Miargyrite	»
Plagionite	»
Binnite	»
Klaprotholite	»
Schirmerite	»
Dufrénoysite	35
Jamesonite	»
Hétéromorphite, Plumosite, Zundererz	»
Semseyite	»
Cosalite	»
Bjelkite	»
Schapbachite	»
Brongniardite	»
Diaphorite	36
Freieslébenite	»

	Armoires et vitrines.
Wittichenite	36
Boulangérite	»
Embrithite, Plumbostib	»
Bournonite	»
Wölchite	»
Aikinite	37
Guitermanite	»
Proustite	»
Sanguinite	»
Xanthoconite	»
Rittingerite	»
Pyrargyrite	38
Pyrostilpnite	»
Panabase	»
Freibergite, Schwatzite,	
Aphtonite	39
Tennantite	»
Annivite, Sandbergerite	»
Jordanite	»
Méneghinite	»
Géocronite	»
Stéphanite	»
Beegerite	40
Polybasite	»
Énargite	»
Famatinite	»
Épiboulangérite	»
Kylindrite	»
Stannite	»
Plumbostannite	»
Argyrodite	»

d) OXYSULFURES.

Kermésite	40
Voltzine	»

III. Sels haloïdes.

a) CHLORURES ET FLUORURES D'UN SEUL MÉTAL.

	Armoires et vitrines.
Sylvine	41
Salmiac	»
Sel gemme	41-42
Huantajayite	»
Cérargyrite	»
Embolite	»
Bromyrite	43
Iodobromyrite	»
Iodyrite	»
Coccinite	»
Chlorocalcite	»
Fluorine	43-44-45
Chlorophane, Antozonite	»
Sellaïte	46
Tysonite	»
Nantokite	»
Calomel	»
Cotunnite	»
Bischofite	»
Fluellite	»

b) CHLORURES ET FLUORURES DE PLUSIEURS MÉTAUX.

Carnallite	46
Tachyhydrite	»
Erythrosidérite	»
Cryolite	»
Chiolite	»
Prosopite	47
Pachnolite	»
Thomsenolite	»
Hagemannite	»

	Armoires et vitrines.
Gearksutite	47
Ralstonite	»
Yttrocérite	»

c) FLUOSILICATES.

Hiératite	47
Cryptohalite	»

d) OXYCHLORURES ET OXY-FLUORURES.

Nocérite	47
Fluocérite	»
Matlockite	»
Mendipite	»
Schwartzembergite	»
Laurionite	48
Fiedlerite	»
Atacamite	»
Atélite	»
Cumengéite	»
Pseudoboléite	»
Boléite	»
Percylite	»
Mélanothallite	»
Daubréeite	»

IV. Combinaisons oxygénées des corps simples.

a) OXYDES [1].

Molybdite	49
Tungstite	»
Arsénolite	»
Senarmontite	»
Claudétite	49
Valentinite	»
Bismite	»
Quartz	50-51-52-53
Babelquartz, Quartz hyalin (Cristal de roche)	54
Quartz améthyste, rose	»
» rubigineux, enfumé	»
» laiteux, prase, Sidérite, etc.	55
Inclusions dans quartz, Œil-de-chat, Aventurine, etc.	»
Pseudomorphoses, Œil-de-tigre, etc.	56
Calcédoine, Enhydre	57
Agate (Onyx, Sardoine, etc.), Chrysoprase, Héliotrope, Jaspe	»
Lussatite	»
Lutécite	»
Tridymite	»
Asmanite	»
Cristobalite	»
Mélanophlogite	»
Baddeleyite	58
Brookite	»
Arkansite	»
Anatase	»
Wiserine	»
Rutile	58-59
Sagénite, Nigrine	»
Ilménorutile	»
Zircon	59-60
Azorite	»

1. Voir aussi aux Manganites (91), Ferrates (117). Antimoniates (122 et 133).

	Armoires et vitrines.
ALTÉR. *Malacon*	60
Callyptolite, Auerbachite	»
Œrstedite, Cyrtolite	»
Erdmannite, Alvite	»
Cassitérite	61-62
Étain de bois, Ainalite	»
Thorite	»
Orangite, Uranothorite	»
Eucrasite, Freyalite	»
Polianite	»
Plattnerite	»
Pyrolusite	»
Périclase	63
Manganosite	»
Zincite	»
Calcozincite	»
Corindon	63-64
Rubis, Saphir, Saphir astérié, Télésie, Émeraude, Aigue-marine; Topaze, Améthyste orientales	»
Émeri	»
Oligiste	65-66-67
Eisenrose, Raphisidérite	»
Ilménite	»
Crichtonite, Kibdelophane	»
Washingtonite, Stilpnosidérite, Menaccanite, Hystatite, Isérine	»
Pyrophanite	»
Pseudobrookite	»
Cuprite	67-68
Chalcotrichite	»
Ténorite	»
Mélaconite	»
Massicot	»
Minium	»

	Armoires et vitrines.
b) HYDROXYDES.	
Meymacite	69
Opale	»
Hyalite, Girasol, Hydrophane, Geyserite	»
Alumocalcite, Forcherite	»
Glossécolite, Ménilite	»
Randannite, Fiorite	»
Silex, Tabaschir	»
Sassoline	70
Hydrargillite	»
Gibbsite	»
Turgite	»
Diaspore	»
Empholite	»
Göthite	»
Przibramite, Onégite	»
Lépidocrocite	»
Acerdèse	71
Bauxite	»
Xanthosidérite	»
Limonite	»
Limnite	»
Brucite	72
Némalite	»
Eisenbrucite	»
Pyrochroïte	»
Hydrotalcite	»
Houghite	»
Pyroaurite	»

V. Azotates.

a) AZOTATES.

Nitre	72
Nitratine	»
Nitrocalcite	»

Armoires et vitrines.

b) Combinaisons d'azotates et de sulfates.

Darapskyte 72

VI. Carbonates.

a) Carbonates normaux anhydres.

Calcite[1] 73-79
  Spath d'Islande   »
  Calcaire de Fontaine-
  bleau, Spath satiné,
  Schieferspath, etc.   »
  Albâtre calcaire   »
  Plumbocalcite, Cupro-
  calcite, Zincocalcite,
  Spartaïte, etc.   80
Dolomie 80-81
  Miémite, Tharandite   »
Ankerite   »
Giobertite   »
  Baudissérite   »
Breunerite   »
Pistomésite 82
Mésitite   »
Smithsonite   »
  Kapnite   »
  Monheimite, Herrerite   83
Diallogite 83-84
  Manganocalcite   »
Sidérose 84-85
  Sphérosidérite, Oligonite   »
  Sidéroplésite, Junckerite   »

Sphérocobaltite 85
Aragonite 86
  »   *aphrite*   »
  Mossotite, Flos ferri   »
  Iglite, Taraspite   »
  Tarnowitzite   »
Alstonite 87
Witherite   »
Strontianite   »
Cérusite 88-89
  Iglésiasite   »
Barytocalcite 90
Mysorine   »

b) Carbonates basiques.

Hydrozincite 90
Buratite   »
  Reissite   »
Malachite 90-91
Chessylite 91-92-93
Hydrocérusite   »
Dawsonite   »

c) Chloro- et Fluocarbonates.

Bastnæsite 94
Parisite   »
Kischtimite   »
Phosgénite   »

d) Carbonates renfermant de l'eau de cristallisation.

Teschemacherite 94
Natron   »

1. Pour les *marbres* et les *roches calcaires,* voir à la *Collection géologique.*

— 20 —

	Armoires et vitrines.
Trona	94
Gay-Lussite	»
Thermonatrite	»
Nesquehonite	95
Lanthanite	»
Tengerite	»
Uranothallite	»
Voglite	»
Randite	»
Liebigite	»
Hydromagnésite	»
Lancasterite	»
Hydrodolomite	»
Pennite	»
Lansfordite	»
Zaratite	»
Bismuthite	»
Walthérite	»

VII. Sélénites et Manganites.

a) Sélénites.

	Armoires et vitrines.
Chalcoménite	96

b) Manganites.

Braunite	96
Marceline	»
Haussmannite	»
Chalcophanite	»
Psilomélane	»
Wad	»
Asbolite	»
Groroïlite	»
Cacochlore	»
Crednerite	»

VIII. Sulfates, Chromates, Iodates, Molybdates et Tungstates.

a) Sulfates, Chromates et Iodates normaux anhydres.

	Armoires et vitrines.
Aphthitalite	97
Mascagnite	»
Taylorite	»
Thénardite	»
Lautarite	»
Dietzeïte	»
Taracapaïte	»
Langbeinite	»
Glauberite	»
Anhydrite	»
Barytine	98-99-100
Volnyne, Michel-Lévyte	»
Calstronbaryte	»
Dréelite	»
Célestine	101-102
Barytocélestine	»
Anglésite	103
Bouglisite	104
Hydrocyanite	»
Crocoïte	»

b) Molybdates et Tungstates anhydres.

Wulfenite	104-105
Scheelite	»
Cuprotungstite	»
Cuproscheelite	»
Stolzite	»
Hübnerite	106
Mégabasite	»

	Armoires et vitrines.
Wolfram	106
Ferberite	»
Patéraïte	»
c) SULFATES ET CHROMATES BASIQUES.	
Brochantite	107
Linarite	»
Lanarkite	»
Phœnicochroïte	»
Dolérophanite	»
Euchlorine	»
d) COMBINAISONS ANHYDRES DE SULFATES ET DE CHLORURES.	
Caracolite	107
Connellite	»
e) COMBINAISONS ANHYDRES DE SULFATES ET DE CARBONATES.	
Hanksite	107
Calédonite	»
Leadhillite	»
Maxite, Suzannite	»
f) COMBINAISONS DE SULFATES ET DE BORATES ANHYDRES.	
Sulfoborite	107
g) SULFATES HYDRATÉS D'UN SEUL MÉTAL.	
Mirabilite	108
Reussin	»

	Armoires et vitrines.
Gypse	108-109
Albâtre, Montmartrite	110
Kieserite	»
Szmikite	»
Epsomite	»
Goslarite	»
Morénosite	»
Fauserite	»
Mallardite	»
Mélantérite	»
Luckite, Bourboulite	»
Pisanite	»
Bieberite	111
Sommairite	»
Chalcanthite	»
Langite	»
Devilline	»
Herrengrundite	»
Serpiérite	»
Coquimbite	»
Blakéite	»
Ihléite	»
Alunogène	»
Amarantite	»
Hohmannite	»
Websterite	»
Raimondite	»
Carphosidérite	112
Fibroferrite	»
Copiapite	»
Apatélite	»
Felsöbanyite	»
Alumian	»
Utahite	»
Pissophane	»
Johannite	»
Zippéite	»
Uraconise	»

<table>
<tr><td colspan="2" align="center">Armoires et
vitrines.</td><td colspan="2" align="center">Armoires et
vitrines.</td></tr>
</table>

	Armoires et vitrines.
Uranocalcite	112
Medjidite	»

h) SULFATES HYDRATÉS DE PLUSIEURS MÉTAUX.

Lœweïte	113
Syngenite	»
Krœhnkite	»
Ferronatrite	»
Blœdite	»
Picromérite	»
Polyhalite	»
Kalinite	»
Boussingaultite	»
Halotrichite	»
Dietrichite	»
Pickeringite	114
Picroallumogène	»
Tschermigite	»
Tamarugite	»
Rœmerite	»
Alunite	»
Lœwigite	»
Jarosite	»
Ettringite	»
Botryogène	»
Sidéronatrite	»
Voltaïte	»
Zincaluminite	»
Lettsomite	»
Énysite	»
Woodwardite	»

i) COMBINAISONS HYDRATÉES DE SULFATES ET DE CHLO- RURES.

Kainite	114

IX. Uranates.

	Armoires et vitrines.
Uraninite	115
Pechblende	»
Brœggerite	»
Cléveïte	»

X. Aluminates, Ferrates, Borates, Antimonites, Arsénites.

a) ALUMINATES ANHYDRES.

Groupe des SPINELLIDES :

Spinelle	115
Pléonaste	»
Hercynite	»
Picotite	»
Gahnite	»
Dysluite	»
Chromite	116
Jacobsite	»
Franklinite	»
Magnésioferrite	»
Magnétite	117-118
Aimant, Dimagnétite	»
ALTÉR. *Martite*	»
Magnetostibian	»
Delafossite	»
Plumboferrite	»
Cymophane	»
Alexandrite	»

b) BORATES ANHYDRES.

Ludwigite	119
Pinakiolite	»
Sussexite	»
Szaibélyite	»

Armoires et vitrines.

Jéréméjéwite 119
Rhodizite »

c) COMBINAISONS DE BORATES ET DE CHLORURES ANHYDRES.

Boracite 119

d) BORATES HYDRATÉS.

Pinnoïte 120
Lagonite »
Borax »
Ulexite »
Pandermite »
Colemanite »
Cryptomorphite »
Hydroboracite »
Larderellite »

e) ARSÉNITES ET ANTIMONITES.

Roméine 120
Nadorite »
Ecdémite »
Partzite »
Stetefeldite »
Coronguite »
Ammiolite »

XI. Phosphates, Arséniates, Vanadates, Antimoniates.

a) PHOSPHATES, ETC. ANHYDRES, ACIDES ET NORMAUX.

Berzéliite 121
Pyrrhoarsénite »

Armoires et vitrines.

Tilasite 121
Caryinite »
Béryllonite »
Triphylline »
Tétraphylline »
ALTÉR. *Pseudotriplite, Hétérosite, Mélanchlore* »
Lithiophyllite »
Alluaudite »
Xénotime »
Monazite 122
Turnerite, Edwardsite »
Mengite, Kârarfvéite, Urdite »
Cervantite »
Pucherite »

b) CHLORO- ET FLUOPHOSPHATES ANHYDRES ET SELS BASIQUES.

Apatite 122-123
Moroxite, Pierre d'asperge, Francolite »
Manganapatite, Cuproapatite, Agustite »
Staffélite, Hydroapatite »
Talcapatite, Pseudoapatite, Phosphorite »
Ostéolite, Sombrérite 124
Svabite »
Pyromorphite »
Polysphérite »
Nuissiérite »
Miésite »
Campylite 125
Mimétite »
Vanadinite »

	Armoires et vitrines.
Hédyphane	125
Pléonectite	»
Amblygonite	126
Montebrasite	»
Hébronite	»
Durangite	»
Herderite	»
Libethenite	»
Adamine	»
Olivénite	127
Descloizite	»
Cuprodescloizite	»
Ramirite	»
Eusynchite	»
Calciovolborthite	»
Dechenite	»
Brackebuschite	»
Chiléite	»
Volborthite	»
Wagnerite	»
Kjerulfine	»
Triplite	128
Talctriplite, Eisenapa-	
tite, Sarcopside	»
Zwieselite	»
Griphite	»
Triploïdite	»
Sarkinite	»
Polyarsénite	»
Érinite	»
Dihydrite	»
Lunnite	»
Ehlite, Kupferdiaspore	»
Clinoclasite	»
Dufrénite	129
Klaprothine	»
Tetragophosphite	»
Arséniosidérite	»

	Armoires et vitrines.
Arséniopléite	129
Pleurasite	»
Atélestite	»
Manganostibiite	»
Hématostibiite	»
Allactite	»
Flinkite	»
Synadelphite	»
Hématolite	»
Chlorotile	»
Lavendulan	»

c) COMBINAISONS DE PHOSPHATES ET DE CHROMATES OU DE SULFATES.

	Armoires et vitrines.
Vauquelinite	130
Laxmannite	»
Diadochite	»
Destinézite, Ficinite	»

d) PHOSPHATES, ARSÉNIATES, ETC., HYDRATÉS.

α) SELS NORMAUX.

	Armoires et vitrines.
Phosphammite	130
Struvite	»
Guanite	»
Dickinsonite	»
Fairfieldite	»
Rosélite	»
Brandtite	»
Messelite	»
Reddingite	»
Hopéite	131
Bobierrite	»
Picropharmacolite	»
Hautefeuillite	»
Vivianite	»
Fer azuré, Mullicite	»

	Armoires et vitrines.
Hœrnesite	131
Symplésite	»
Erythrine	»
Rhodoïse	»
Annabergite	132
Cabrérite	»
Kœttigite	»
Rhabdophane	»
Variscite	»
Planerite	»
Barrandite	»
Strengite	»
Scorodite	»
Zépharowichite	133
Koninckite	»
Liskeardite	»
Churchite	»

β) SELS ACIDES.

	Armoires et vitrines.
Stercorite	133
Hannayite	»
Brushite	»
ALTÉR. *Ornithite, Zeugite*	»
Pharmacolite	»
Newberyite	»
Wapplerite	»
Huréaulite	»
Bleiniérite	»
Stibiconise	»
Barcenite	»
Henwoodite	»
Minervite	»

γ) SELS BASIQUES.

	Armoires et vitrines.
Hémafibrite	133
Chondroarsénite	»
Ludlamite	134
Conichalcite	»
Bayldonite	134
Tagilite	»
Euchroïte	»
Cornwallite	»
Leucochalcite	»
Tyrolite	»
Chalcophyllite	»
Veszélyite	»
Pharmacosidérite	»
Éléonorite	»
Richellite	»
Wawellite	»
Striegisan, Lasionite	135
Turquoise	»
Odontolite	»
Sphérite	»
Péganite	»
Fischerite	»
Cacoxène	»
Evansite	»
Cœruléolactite	»
Delvauxite	»
Mazapilite	»
Boryckite	»
Éosphorite	»
Childrenite	136
Chenevixite	»
Chalcosidérite	»
Andrewsite	»
Liroconite	»
Goyazite	»
Plumbogummite	»
Phosphuranylite	»
Trœgerite	»
Autunite	»
Uranospinite	»
Uranocircite	»
Chalcolite	137

	Armoires et vitrines.
Zeunerite	137
Mixite	»
Walpurgite	»
Morinite	»

e) Combinaisons hydratées d'antimoniates et de carbonates.

Rivotite	137

f) Combinaisons hydratées de phosphates, d'arséniates, et de sulfates.

Beudantite	137
Dernbachite	»
Lossenite	»
Svanbergite	»
Rhodophosphite	»
Lindackerite	»
Pitticite	»
Ganomatite	»

XII. Niobates et Tantalates.

Fergusonite	138
Tyrite, Bragite, Arrhenite	»
Sipylite	»
Pyrochlore	»
Koppite	»
Hatchettolite	»
Microlite	»
Pyrrhite	»
Niobite	138-139
Tantalite	»
Skogbölite	»
Ixiolite	»
Tapiolite	»

	Armoires et vitrines.
Yttrotantalite	139
Samarskite	»
Vietinghofite	»
Rogersite	»
Ånnerödite	»
Hjelmite	»
Æschynite	»
Polymygmite	»
Euxénite	»
Polycrase	»

XIII. Silicates, Titanates, Zirconates, Thorates, Stannates.

a) Silicates, etc., basiques.

Saphirine	140
Warwickite	»
Mélanocérite	»
Steenstrupite	»
Prismatine	»
Kornerupine	»
Staurotide	»
Granatite, Xantholite	»
Dumortiérite	141
Zunyite	»
Calamine	»
Moresnetite	»
ALTÉR. *Vanuxémite*	»
Tritomite	»
Andalousite [1]	142
Chiastolite	»
Sillimanite	»
Xénolite, Fibrolite	»
Bucholzite, Monrolite	»
Bamlite	»
ALTÉR. *Éphésite*	»

1. Voir arm. 67, Pseudobrookite.

	Armoires et vitrines.
Disthène	142-143
Rhætizite	»
Topaze	143-144
Pycnite, Pyrophysalite	»
Gehlenite	145
Datolite	»
Botryolite	»
ALTÉR. *Haytorite*	»
Homilite	»
Gadolinite	»
Yttrialite	»
ALTÉR. *Rowlandite*	»
Euclase	146
Tourmaline	»
Rubellite, Indicolite	147
Achroïte, Aphrisite	»
Dravite, Taltalite	»
Carpholite	148
Lawsonite	»
Bertrandite	»
Kentrolite	»
Mélanotékite	»
Ilvaïte	»
Humite	»
Chondrodite	149
Clinohumite	»
Ardennite	»
Långbanite	»
Helvite	»
ALTÉR. *Achtaragdite*	»
Danalite	»
Zoïsite	»
Illuderite, Thulite	»
Fouquéite	»
Épidote	150
Arendalite, Oisanite	»
Piémontite	151
Withamite	»

	Armoires et vitrines.
Allanite	151
Orthite, Ouralorthite	»
Pyrorthite, Bodenite	»
Bucklandite	»
Cérite	»
Idocrase	151-152-153
Wiluite, Cyprine	»
Manganidocrase, Hété-romérite, Jewreinowite	»
Frugårdite, Loboïte	»
Égérane	»
b) ORTHOSILICATES.	
Groupe des PÉRIDOTS :	
Monticellite	153
Batrachite	»
Forsterite	»
Boltonite	»
Olivine	153-154
Glinkite, Hyalosidérite	»
ALTÉR. *Villarsite*	»
Titanolivine	»
Fayalite	»
Néochrysolite	»
Hortonolite	»
Rœpperite	»
Téphroïte	»
ALTÉR. *Hydrotéphroïte*	»
Knebelite	»
Igelströmite	»
Phénacite	»
Willemite	155
Troostite	»
Danburite	»
Barsowite	»
Eulytine	»
Agricolite	»

— 28 —

Armoires et vitrines.

Groupe des GRENATS :

Grossulaire 156
  Romanzovite, Pyrénéite »
  Essonite, Xalostocite »
Ouwarowite »
Mélanite »
  Diamantoïde, Aplôme »
  Topazolite, Jelletite »
  Rothoffite »
Almandin 157
Spessartine »
Pyrope »
Schorlomite 158
  Ivaarite »
Dioptase »
Chrysocole »
  Sommervillite, Aspéro-
   lite »
Bementite »
Kryptotile »
Prehnite 158-159
  Coupholite »
Axinite »
Friedelite »
Pyrosmalite »

Groupe des MICAS :

Biotite 159-160
  Méroxène, Barytbio-
  tite, Anomite, Manga-
  nophyllite, Rubellane »
  Pseudobiotite, Phlogo-
  pite, Lépidomélane,
  Ptérolite »
  ALTÉR. *Vermiculite, Jef-*
  ferisite, Voigtite, Pro-
  tovermiculite, Vaa-
  lite, Rectorite, Cas-
  wellite, Bastonite »

Zinnwaldite 161
  Cryophyllite »
Alurgite »
Lépidolite »
  Cookëite »
Muscovite »
  Adamsite »
  Fuchsite, Chromocre »
  Margarodite, Nacrite »
  Gilbertite, Gümbelite »
  Damourite, Séricite »
  Ivigtite, Didymite »
Paragonite »
  Euphyllite, Cossaïte »
Roscoelite »

Groupe des CLINTONITES :

Margarite 162
  Émerylite »
Xanthophyllite »
  Waluewite »
Seybertite »
Brandisite »
Chloritoïde »
  Masonite, Sismondine »
  Venasquite, Ottrélite »
  Phyllite »

Groupe des CHLORITES :

Clinochlore »
  Leuchtenbergite, Kot-
  schubéite »
Pennine 163
  Kämmererite »
  Rhodochrome, Pseudo-
  phite »
  Tabergite, Talcchlorite »
Corundophyllite »

	Armoires et vitrines.
Ripidolite	163
Helminthe, Métachlorite, Grengésite	»
Thuringite	»
Chamosite	»
Berthiérine, Bavalite	»
Aphrosidérite	»
Delessite	»
Klementite	»
Cronstedtite	»
Lillite	»
Stilpnomélane	»
Chalcodite	»
Striegovite	»
Diabantite	»
Ekmannite	»
Épiphanite	»
Ærinite	»
Pilinite	»
Céladonite	»
Glauconie	»
Bravaisite	»
Hisingerite	»
Degéroïte, Gillingite	»
Jollyte, Skotiolite	»
Hullite, Thraulite	»
Caryopilite	»
Penwithite	»
Spadaïte	»
Saponite	164
Bowlingite, Cathlinite	»
Thalite	»
Thermophyllite	»
Pilolite	»
Magnésite	»
Écume de mer, Quincyte, Aphrodite, Pierre de savon du Maroc	»

	Armoires et vitrines.
Groupe de l'ANTIGORITE :	
Antigorite	164
Baltimorite, Bastite	»
Williamsite, Bowenite	»
Marmolite	»
Chrysotile	»
Métaxite, Picrolite	»
Xylotile	»
Picrosmine	»
Deweylite	»
Cérolite	»
Nouméite	»
Garniérite	»
Rœttisite	»
Genthite, Pimélite	»
Rewdanskite	»
ANNEXE : *Hydrophite, Antillite, Pyroïdésine, Vorhauserite, Rétinalite, Dermatine, Pyknotrope, Webskyite*	»
Talc	»
Stéatite, Pyrallolite	»
Rensselaerite	»
Groupe de la KAOLINITE :	
Kaolinite	165
Pholérite, Leverriérite	»
Pyrophyllite	»
Pagodite	»
ANNEXE :	
Argiles	»
Halloysite	»
Lenzinite, Sévérite	»
Savon de Plombières	»
Glagerite	»
Montmorillonite	»
Confolensite, Delanouite	»
Stéargillite, Stolpenite	»

	Armoires et vitrines.
Cimolite	165
Anauxite	»
Allophane	»
Elhuyarite, Keffekilite	»
Carolathine	»
Ehrenbergite	»
Collyrite	»
Dillnite	»
Wolkonskoïte	»
Miloschine	»
Nontronite	»
Pinguite, Graménite	»

c) SILICATES INTERMÉDIAIRES.

Mélilite	165
Humboldtilite, Zurlite	»

Groupe de la NÉPHÉLINE :

Néphéline	»
Éléolite	»
ALTÉR. *Gieseckite, Liebenerite, Persbergite, Dysyntribite*	»
Phacélite	166
Eucryptite	»
Microsommite	»
Davyne, Cavolinite	»
Cancrinite	»

Groupe de la SODALITE :

Sodalite	»
Noséane	»
Haüyne	»
Ittnerite	»
Scolopside	»
Outremer	166-167
Ganomalite	»
Barysilite	»

	Armoires et vitrines.
Cordiérite	167
Saphir d'eau	»
ALTÉR. *Bonsdorffite, Esmarkite, Triclasite*	»
Gigantolite, Praséolite	»
Pinite, Weissite	»
Péplolite, Chlorophyllite	»
Aspasiolite, Pyrargillite	»
Fahlunite, Gongylite	»
Cataspilite	»
Sphénoclase	»
Mélinophane	»
Leucophane	»
Astrophyllite	»

d) MÉTASILICATES.

Pérowskite [1]	168
ALTÉR. *Hydrotitanite*	»
Knopite	»
Dysanalite	»

Groupe des PYROXÈNES :

Enstatite	»
Bronzite	»
Hypersthène	»
Szaboïte, Amblystégite	»
ALTÉR. *Diaclasite, Bastite, Phæstine*	»
Diopside	169
Alalite, Malacolite, Traversellite, Mussite, Baïkalite	»
Lawrowite, Sahlite	»
Diallage (pr. p^le)	»
Violane, Anthochroïte	»
ALTÉR. *Pyrallolite, Picrophylle, Ouralite* (pr. p^le)	»

1. Voir arm. 67, Ilménite, Pyrophanite.

	Armoires et vitrines.
Hédenbergite	169
Coccolite, Astéroïte, Bolophérite	»
Schefferite	»
Urbanite	»
Jeffersonite	»
Augite	»
Leucaugite, Fassaïte	»
Diallage (pr. p^{te})	170
Omphazite, Ægyrin-augite, Titanaugite, Porricine	»
ALTÉR. *Ouralite*	»
Ægyrine	»
Acmite	»
Jadéite	»
Chloromélanite	»
Triphane	171
Hiddenite	»
ALTÉR. *Killinite, Cymatolite, Eucryptite, Aglaïte, etc.*	»
Wollastonite	»
Edelforsite	»
Pectolite	»
Ratholite, Manganpectolite	»
Rosenbuschite	»
Cuspidine	»
Lâvenite	»
Wœhlerite	»
Johnstrupite	»
Mosandrite	»
Rinkite	»
Rhodonite	172
Pajsbergite, Fowlerite, Keatingine	»
ALTÉR. *Photicite, Stratopéite, Néotocite,*	
Allagite, Klipsteinite	172
Bustamite	»
Babingtonite	»
Hiortdahlite	»
Groupe des AMPHIBOLES :	
Anthophyllite	»
Thalactérite, Kupfferite	»
Gédrite	»
Snarumite	»
Grünerite	173
Cummingtonite	»
Dannemorite	»
Asbeferrite, Silfbergite, Hillängsite	»
Richterite	»
Marmairolite	»
Trémolite	»
Hexagonite, Nordenskiöldite	»
Asbeste (Amiante), Carton de montagne	»
Actinote	»
Jade, Calamite, Byssolite, Amiantoïde	»
Asbestoïde, Ouralite	»
Smaragdite	»
Hornblende	»
Kokscharoffite, Édenite	»
Smaragdite, Pargasite	»
Breislakite, Acanthoïde	»
Gamsigradite, Ouralite	174
Pitkärandite, Kirwanite, Barkevicite	»
Glaucophane	»
Gastaldite	»
Arfvedsonite	»
Riebeckite	»

	Armoires et vitrines.
Crocidolite	174
Ænigmatite	»
Cossyrite	»
Leucite	»
Béryl	175
Émeraude, Aigue-marine, Rostérite	175-176
Pollux	»

e) POLYSILICATES.

Groupe des FELDSPATHS :

Orthose	176-177
Adulaire, Sanidine	»
Loxoclase, Valencianite	»
Pierre de lune, Perthite	»
Weissigite, Murchisonite	»
Cassinite	»
Hyalophane	»
Microcline	178
Amazonite, Chesterlite	»
Anorthose	»
Albite	178-179
Péricline, Péristérite	»
Hyposclérite, Cleavelandite, Olafite	»
Tchermakite, Zygadite	»
Oligoclase	»
Pierre de soleil	»
Andésine	180
Labrador	»
Hafnefjordite	»
ALTÉR. *Saussurite*	»
Bytownite	»
Anorthite	»
Indianite, Thiorsauite	»
ALTÉR. *Amphodélite*	»
Roséclane, Rosite	»
Tankite, Pyrrholite	»

	Armoires et vitrines.
Polyargite, Lindséite	180
Lépolite	»

Groupe des WERNERITES :

Marialite	181
Dipyre	»
Mizzonite, Ontariolite	»
Scapolite	»
Passauite, Porcellanspath, Chelmsfordite	»
Méionite	»
Glaucolite, Nuttalite	»
Ekebergite, Ersbyite	»
ALTÉR. *Wilsonite, Cacoclasite, Algérite*	»
Sarcolite	182
Epididymite	»
Eudidymite	»
Sphène	182-183
Ligurite, Séméline	»
Aspidélite, Spinthère	»
Pictite, Léderite, Greenovite, Grothite	»
Eucolittitanite	»
Castellite	»
ALTÉR. *Xanthitane*	»
Keilhauite	»
Guarinite	»
Neptunite	»
Tscheffkinite	»
Elpidite	»
Catapléite	»
Natroncatapléite	»
Eudialyte	»
Eucolite	»
Pétalite	»
Castor	»
Milarite	»

— 33 —

Armoires et vitrines.

f) SILICATES RENFERMANT DE L'EAU DE CRISTALLISATION.

Groupe des ZÉOLITES :

Thomsonite   184
   Mésole, Feroëlite, Comp-
     tonite, Chalilite   »
   Scoulerite, Lintonite   »
   Chlorastrolite   »
Hydronéphélite   »
   Rauite   »
Mésotype   »
   Savite, Galactite   »
   Radiolite, Bergmannite   »
   Spreusstein, Brévicite   »
   Paléonatrolite   »
Mésolite   185
   Harringtonite   »
Scolécite   »
   Poohnalite   »
Edingtonite   »
Analcime   »
   Picranalcime, Clutha-
     lite, Eudnophite   »
   Euthallite   »
Apophyllite   »
   Albine   »
Gyrolite   186
   Plombiérite   »
Chalcomorphite   »
Okenite   »
   Dysclasite, Xonoltite   »
Faujasite   »
Épistilbite   »
Heulandite   »
   Beaumontite   »
Brewsterite   187
Inésite   »
   Rhodotilite   »

Armoires et vitrines.

Ganophyllite   187
Stilbite   »
   Puflerite   »
   Forésite   »
Christianite   188
   Phillipsite   »
Harmotome   »
   Morvenite   »
Offrétite   »
Gismondine   »
Chabasie   189
   Phacolite, Acadialite   »
   Haydenite   »
   Herschelite, Seebachite   »
Gmelinite   190
   Ledererite, Groddeckite   »
Lévyne   »
Laumonite   »
   Caporcianite   »
   Leonhardite   »
Ptilolite   »

g) COMBINAISONS HYDRATÉES DE SILICATES, DE CARBONATES ET DE SULFATES.

Thaumasite   190

h) COMBINAISONS HYDRATÉES DE SILICATES ET D'URANATES.

Uranophane   190
   Uranotile   »
Gummite   »
   Thorogummite, Yttro-
     gummite   »
   Éliasite   »

<table>
<tr><td colspan="2" align="right">Armoires et
vitrines.</td><td colspan="2" align="right">Armoires et
vitrines.</td></tr>
</table>

VITRINES HORS SÉRIE

Collection de Diamant
et de Graphite   191-192

XIV. Composés organiques.

a) SELS ORGANIQUES.

α) OXALATES.

Whewellite	E [1]
Oxammite	»
Humboldtine	»

β) MELLATES.

Mellite	E

b) CARBURES D'HYDROGÈNE.

Scheererite	E
Hatchettite	»
Ozocérite	»
Zietrinsikite	»
Neftgil	»
Fichtelite	»
Técorétine	»
Dinite	»
Ixolyte	»
Kœnlite	»
Naphtaline	»

c) CARBURES D'HYDROGÈNE
OXYGÉNÉS.

(RÉSINES.)

Succin	E

Rétinite (Ambre)   E

Gédanite, Krantzite	»
Chemawinite, Schraufite	»
Jaulingite, Copalite	»
Pyrorétine	»
Idrialite	»
Aragotite	»
Bombiccite	»
Dopplerite	»
Tasmanite	»
Dysodyle	»

d) ANNEXE.

MÉLANGES DE DIVERS COMPO-
SÉS ORGANIQUES.

α) PÉTROLES.

Pétrole	E
Pissasphalte	»

β) BITUMES.

Asphalte	E
Uintahite	»
Albertite	»
Rétinasphalte	»
Élatérite	»
Piauzite	»

γ) CHARBONS.

Houilles	E
Torbanite	»
Anthracite	»
Coke naturel	»
Lignite	»
Jayet	»

---

1. Armoire (E) située à côté de la fenêtre de droite, derrière la statue
de Cuvier.

COLLECTIONS SPÉCIALES[1]

A. COLLECTION DES MINÉRAUX DE LA FRANCE ET DE SES
COLONIES.

(Armoires verticales contre colonnes. Travée de gauche. A_1 à A_9.)

Cette collection en *voie de formation* renferme les minéraux des principaux gisements de la France et de ses colonies. Elle contient en particulier les types décrits dans la *Minéralogie de la France* [2]. Il n'a été placé qu'un ou deux échantillons de chaque espèce. Pour plus de détails, voir à la COLLECTION GÉNÉRALE.

B. COLLECTION TECHNOLOGIQUE.

(Armoires verticales contre colonnes. Travée de gauche. B_1 à B_9.)

Sous ce titre ont été réunis les minéraux, taillés ou polis, employés pour l'ornementation, la bijouterie, etc. A signaler en particulier : la série des coupes d'agate (B_2), les objets en jade et en jadéite (B_3), en fluorine (B_4), en pagodite (B_6), etc.

C. COLLECTION DES GISEMENTS DES MINÉRAUX.

(Armoires contre colonnes. Travée de droite. C_1 à C_{17}.)

Dans la collection générale, les minéraux sont considérés au point de vue intrinsèque : dans cette nouvelle collection *en voie de formation*, ils sont classés au point de vue de leurs gisements et de leurs associations.

On n'a encore exposé que les minéraux des roches éruptives (C_1 à C_{12}), des roches sédimentaires métamorphisées par les roches éruptives (C_{13} à C_{16}) et enfin des cipolins des gneiss (C_{17}).

En ce qui concerne les roches éruptives, la classification adoptée est exclusivement minéralogique. En tête de chaque famille ont été placés les principaux types pétrographiques, puis,

---

1. Voir le plan.
2. A. Lacroix, *Minéralogie de la France et de ses colonies*, Baudry, édit.

à leur suite, les minéraux qu'ils contiennent, en commençant par les minéraux d'origine primaire pour finir par ceux d'origine secondaire.

D. COLLECTION DE PIERRES PRÉCIEUSES TAILLÉES.

α. Les pierres précieuses de grande valeur ont été réunies avec divers objets d'art dans la première armoire contre colonne (en entrant) dans la travée de droite (D).

Cette collection comprend des séries de *diamant*, de *corindon* (rubis, saphir, émeraude, topaze et améthyste orientales), d'*émeraude*, de *rubis spinelle*, de *topaze*, de *péridot*, de *turquoise*, d'*opale*, d'*améthyste*, de *cristal de roche*, ainsi que de diverses autres pierres : *cymophane* (et *alexandrite*), *zircon*, *tourmaline*, *sphène*, *disthène*, etc.

La pièce capitale de cette collection est un saphir d'un beau bleu, taillé en rhomboèdre aigu et pesant $132\frac{4}{5}$ carats.

Les plus belles pierres de cette armoire ont été données par l'État en 1796 et en 1887.

A côté de ces pierres précieuses se trouvent des perles fines, des coupes sculptées en jade, en cristal de roche, en agate, en lapis-lazuli (plusieurs d'entre elles sont enrichies de perles et de pierres précieuses), ainsi que divers objets en cristal de roche, en jade, en grenat, etc.

β. *Collection de pierres précieuses de Haüy.* — Cette petite collection, étiquetée par Haüy, contient quelques jolies pierres et une série intéressante d'échantillons d'ambre.

E. COLLECTION DE CRISTAUX DE DIAMANTS.

Une magnifique collection de cristaux [de diamant isolés ou sur gangue a été placée hors série (M 192), à côté de l'armoire aux diamants. Elle a été offerte au Muséum par M. *R. Bischoffsheim*. La vitrine voisine (M 191) renferme une collection de cristaux de diamant; elle contient entre autres un échantillon de *carbone* pesant 321 carats et quelques beaux cristaux de diamant donnés par M. Taub.

F. COLLECTION DE MINÉRAUX ARTIFICIELS.

Cette collection *en voie d'organisation* n'est pas encore exposée : il a été fait exception toutefois pour une magnifique collection de *rubis* artificiels (procédé Frémy et Verneuil), placée hors série à côté de la statue de Cuvier.

G. COLLECTION HAÜY.

Cette collection, d'une grande valeur historique, comprend plusieurs milliers d'échantillons étiquetés de la main de l'illustre fondateur de la cristallographie. Elle est rangée suivant sa classification et placée dans la salle d'entrée.

Dans la même salle ont été mises deux vitrines qui renferment une collection de modèles cristallographiques, faits sous direction de Romé de Lisle, d'après les figures de son traité de cristallographie (1783).

OBJETS PLACÉS HORS SÉRIE

(Voir le plan.)

De nombreux objets sont placés hors série à diverses places de la galerie; voici les principaux :

Tables (R et Q) *situées à droite et à gauche du meuble des Météorites.* — R. Gros échantillons de calcite de l'Oisans, etc. — Q. Gros blocs et plaques polies de jade de Sibérie, donnés par M. Alibert. — Belle coupe sculptée de cristal de roche, — petit coffret en ambre sculpté, etc.

Au-dessus de la vitrine 35. — Un tableau en mosaïque.

A côté de la statue de Haüy. — Trois tables de marqueterie formées avec divers minéraux ou marbres.

A côté de la statue de Cuvier. — Collection de graphite (et des minéraux qui l'accompagnent) de Sibérie, donnée par M. Alibert (Y).

Deux tables (P_1), recouvertes, l'une de marbres d'Espagne, l'autre de diverses roches polies d'Italie.

Gros blocs de cinabre et de réalgar (X), de nouméite de la Nouvelle-Calédonie (V), de quartz du Valais (U).

A droite de la fenêtre. — Armoire F renfermant de gros échantillons et faisant pendant à l'armoire E qui renferme les composés organiques de la collection générale.

Sur les deux tables hors série de la collection géologique (au milieu de la galerie). — Deux vases sculptés en marbre (S).

A l'extrémité de la galerie. — O. Un vase monumental en tuf porphyrique.

A l'entrée de la galerie. — T. Énorme cristal de quartz hyalin des Alpes, rapporté au Muséum en 1793 par Bonaparte. Enfin, divers gros blocs de minéraux dont l'énumération est donnée dans l'explication du plan ci-joint.

A l'entrée du laboratoire de minéralogie et à côté du *Catalogue par fiches*, se trouve un petit monument en basalte élevé à la mémoire de Dolomieu, le prédécesseur de Haüy dans la chaire de Minéralogie du Muséum.

Sur le perron de la galerie ont été placés quelques gros échantillons de minéraux (*quartz, oligiste, disthène, smithsonite*, etc.).

TABLE ALPHABÉTIQUE

DES ESPÈCES ET VARIÉTÉS [1]

Contenues dans la Collection générale, avec indication du
numéro des vitrines qui les renferment.

———

	N°ˢ des vitrines.		N°ˢ des vitrines.
A		Æschynite	139
		Agalmatolite (Pagodite)	165
Abichite (Clinoclasite)	128	Agate	57
Abrazite (Gismondine)	188	Aglaïte	171
Acadialite	189	Agricolite	155
Acanthite	28	Aguilarite	27
Acanthoïde	173	Agustite	123
Acerdèse	71	Aigue-marine	176
Achroïte	147	Aikinite	37
Achtaragdite	149	Aimafibrite (Hémafibrite)	133
Acide arsénieux	49	Aimant (Magnétite)	118
Acmite	170	Aimatolite (Hématolite)	130
Actinote	173	Ainalite	62
Adamine	126	Alabandite	15
Adamsite	161	Albâtre	110
Adulaire	177	Albâtre calcaire	79
Ædelforsite (Edelforsite)	171	Alalite	169
Ægyrinaugite	170	Alaskaïte	34
Ægyrine	170	Albertite	E
Ænigmatite	174	Albine	185
Ærinite	163	Albite	178

1. Afin de faciliter les recherches, les principaux synonymes des
espèces ont été ajoutés à cette table ; le nom adopté pour les espèces
correspondantes est placé entre parenthèses. Ex. : Amphigène (Leucite)
signifie : Amphigène — synonyme de Leucite.

Les renvois aux vitrines indiquent seulement la première des vitrines
contenant l'espèce cherchée ; dans quelques cas, le défaut de place a
forcé à mettre dans les armoires verticales des *variétés* non représentées
dans la vitrine horizontale correspondante.

La vitrine E se trouve derrière la statue de Cuvier. L'indication *t* concerne des minéraux imparfaitement connus qui ne sont pas exposés.

	Nᵒˢ des vitrines.
Alexandrite	118
Algérite	181
Allactite	129
Allagite	172
Allanite	151
Allemontite	3
Alloclasite	23
Allopalladium	5
Allophane	165
Alluaudite	121
Almandin	157
Alstonite	87
Altaïte	26
Alumian	112
Aluminite (Websterite)	112
Alumocalcite	69
Aluns	114
Alunite	114
Alunogène	111
Alurgite	161
Alvite	60
Amalgame	7
Amarantite	111
Amazonite	178
Amblygonite	126
Amblystégite	168
Ambre (Rétinite)	E
Améthyste	54
Améthyste orientale	64
Amiante	173
Amiantoïde	173
Ammiolite	120
Ammoniaque sulfatée (Mascagnite)	97
— chlorurée (Salmiac)	41
Amoïbite	21
Amphiboles (Groupe des)	172
Amphibole-anthophyllite (Cummingtonite)	173
Amphigène (Leucite)	174
Amphodélite	180
Analcime	185
Anatase	58

	Nᵒˢ des vitrines.
Anauxite	165
Andalousite	142
Andésine	180
Andradite (Mélanite)	157
Andrewsite	136
Anglésite	103
Anhydrite	97
Ankerite	81
Annabergite	132
Annerödite	139
Annivite	39
Anomite	160
Anorthite	180
Anorthose	178
Anthochroïte	169
Anthophyllite	172
Anthosidérite	l
Anthracite	E
Antiédrite (Edingtonite)	185
Antillite	164
Antigorite	164
Antimoine natif	3
— oxydé (Senarmontite)	49
— — (Valentinite)	49
— oxysulfuré (Kermésite)	40
— sulfuré (Stibine)	10
— sulfuré nickelifère (Ullmannite)	21
Antimonblüthe (Valentinite)	49
Antimonnickel (Breithauptite)	16
Antimonnickelkies (Ullmannite)	21
Antimonsilber (Dyscrasite)	29
Antimoine	3
Antozonite	45
Apatélite	112
Apatite	122
Aphanèse (Clinoclasite)	128
Aphérèse (Libethenite)	129
Aphthalose (Aphthitalite)	97

	Nᵒˢ des vitrines.		Nᵒˢ des vitrines.
Aphrisite	147	Argentite (Argyrose)	26
Aphrite	86	Argiles	165
Aphrodite	164	Argyrite (Argyrose)	26
Aphrosidérite	163	Argyrodite	40
Aphthitalite	97	Argyrose	26
Aphtonite	39	Argyrythrose (Pyrargy-	
Aplome	156	rite)	37
Aphrodite	164	Arite	16
Apophyllite	185	Arkansite	58
Apyrite	147	Arksutite (Chiolite)	46
Aræoxène (Dechenite)	127	Arquérite	7
Aragonite	86	Arrhénite	138
Aragotite	E	Arsenantimonnickelkies	
Arcanite (Aphthitalite)	97	(Corynite)	21
Ardennite	149	Arsenargentite	29
Arendalite	150	Arsenic	3
Aréquipite	t	— oxydé (Claudétite)	49
Arfvedsonite	174	— — (Arsénolite)	49
Argent antimonial (Dyscra-		— sulfuré (Orpiment,	
site)	29	Réalgar)	10
— antimonié sulfuré		Arséniopléite	129
(Pyrargyrite)	37	Arséniosidérite	129
— bromuré (Bromyrite)	43	Arsénite (Arsénolite)	49
— corné (Cérargyrite)	43	Arsenkies (Mispickel)	22
— fragile (Stéphanite)	39	Arsennickel (Nickeline)	16
— gris antimonial		Arsennickelkies (Gersdorf-	
(Freieslébenite)	36	fite)	21
— ioduré (Iodyrite)	43	Arsénocrocite (Arséniosi-	
— muriaté (Cérargy-		dérite)	129
rite)	43	Arsénolite	49
— natif	6	Arsénopyrite (Mispickel)	22
— rouge antimonial		Arsénosidérite (Mispickel)	22
(Pyrargyrite)	38	Asbeferrite	173
— rouge arsénical		Asbeste	173
(Proustite)	37	Asbestoïde	173
— sulfuré (argyrose)	26	Asbolane (Asbolite)	96
— sulfuré antimoni-		Asbolite	96
fère et cuprifère		Asmanite	57
(Freieslébenite)	36	Aspasiolite	167
— sulfuré flexible		Aspérolite	158
(Sternbergite)	34	Asphalte	E
— sulfuré fragile (Sté-		Aspidélite	183
phanite)	39	Astéroïte	169

	Nᵒˢ des vitrines.
Astrakanite (Blœdite)	113
Astrophyllite	167
Atacamite	48
Atélestite	129
Atélite	48
Atlasite	1
Auerbachite	60
Augite	169
Auralite	167
Aurichalcite (Buratite)	90
Automolite (Gahnite)	116
Autunite	136
Aventurine	55
Axinite	159
Azorpyrrhite (Pyrrhite)	138
Azorite	60
Azurite (Chessylite)	91

B

Babelquartz	53
Babingtonite	172
Baddeleyite	58
Baiérine (Niobite)	138
Baïkalite	169
Baldogée (Céladonite)	163
Baltimorite	164
Bamlite	142
Barcenite	133
Barkevicite	174
Barrandite	132
Barsowite	155
Barysilite	167
Barytbiotite	160
Baryte carbonatée (Withe- rite)	87
— sulfatée (Barytine)	98
Barytine	98
Barytocalcite	90
Barytocélestine	102
Baryturanite (Uranocir- cite)	136
Basiliite	1

	Nᵒˢ des vitrines.
Bastite	164, 168
Bastnæsite	94
Bastonite	160
Batrachite	153
Baudissérite	81
Bauxite	71
Bavalite	163
Bayldonite	134
Beaumontite	186
Beauxite (Bauxite)	71
Beegerite	40
Bementite	158
Beraunite (Eléonorite)	134
Bergmannite	184
Berthiérine	163
Berthiérite	33
Bertrandite	148
Béryl	175
Béryllonite	121
Berzélianite	29
Berzéliite	121
Berzéline (Haüyne)	166
Beudantite	137
Bieberite	111
Bindheimite (Bleinière)	133
Binnite	34
Biotine (Anorthite)	180
Biotite	159
Bischofite	46
Bismite	49
Bismuth carbonaté (Bismu- thite)	95
— natif	3
— -ocre (Bismite)	49
— sélénié (Guanajua- tite)	11
— silicaté (Eulytine)	155
— sulfuré (Bismuthinite)	11
— sulfuré cuprifère (Wittichenite, etc.)	36
— sulfuré plomboar- gentifère (Schap- bachite)	35

	Nᵒˢ des vitrines.
— sulfuré plombocuprifère (Aikinite)	37
— telluré (Tétradymite, etc.)	11
— vanadaté (Pucherite)	122
Bismuthine (Bismuthinite)	11
Bismuthinite	11
Bismutite	95
Bitterspath (Dolomie)	117
Bitume (Asphalte)	E
Bitume visqueux (Pissasphalte)	E
Bitume élastique (Elatérite)	E
Bjelkite	35
Blakéite	111
Bleinière	133
Blei (Plomb)	5
Bleiantimonglanz (Zinkenite)	34
Bleihornerz (Phosgénite)	94
Bleiglanz (Galène)	24
Bleiwismuthglanz (Galénobismuthite)	35
Bleilasur (Linarite)	107
Blende	13
Blœdite	113
Bobierrite	131
Bodenite	151
Boléite	48
Bolophérite	169
Boltonite	153
Bombiccite	E
Bonsdorffite	167
Boracite	119
Borax	120
Bordosite	7
Borickite	135
Bornite (Erubescite)	33
Boronatrocalcite (Ulexite)	120
Bort	1, 191
Botryogène	114
Botryolite	145

	Nᵒˢ des vitrines.
Bouglisite	104
Boulangérite	36
Bourboulite	110
Bournonite	36
Boussingaultite	113
Bowenite	164
Bowlingite	164
Brackebuschite	127
Bragite	138
Brandisite	162
Brandtite	130
Brauneisenerz (Limonite)	71
Braunite	96
Braunspath (Ankerite)	81
Bravaisite	163
Brazilite (Baddeleyite)	58
Breislakite	174
Breithauptite	16
Breunnerite	81
Brévicite	184
Brewsterite	187
Brochantite	107
Brœggerite	115
Bromargyrite	43
Bromite (Bromargyrite)	43
Bromlite (Alstonite)	87
Bromyrite (Bromargyrite)	43
Brongniardite	35
Bronzite	168
Brossite (Dolomie)	80
Brookite	58
Brucite	72
Brushite	133
Bucholzite	142
Bucklandite	151
Buntkupfererz (Erubescite)	33
Buratite	90
Bustamite	172
Byssolite	173
Bytownite	180

C

	Nᵒˢ des vitrines.
Cabrérite	132
Cacheutaïte (Clausthalite)	26
Cacholong	69
Cacochlore	96
Cacoclasite	181
Cacoxène	135
Calaïte (Turquoise)	135
Calamine	141
Calamite	173
Calavérite	31
Calcaire de Fontainebleau	73
Calcaréobaryte	100
Calcédoine	56
Calciovolberthite	127
Calcite	73
Calcouranite (Autunite)	136
Calcozincite	63
Calédonite	107
Caliche (Nitratine)	72
Calomel	46
Calstronbaryte	100
Calyptolite	60
Campylite	125
Canaanite	169
Cancrinite	166
Candite (Spinelle)	115
Caoutchouc minéral (Elatérite)	E
Caporcianite	190
Caracolite	107
Carbonado (Carbone)	1, 191
Carbone	1, 191
Carbonyttrine (Tengerite)	95
Carinthine (Actinote)	173
Carnallite	46
Carolathine	165
Carpholite	148
Carphosidérite	112
Carphostilbite (Thomsonite)	184

	Nᵒˢ des vitrines.
Carrollite	33
Carton de montagne	173
Caryinite	121
Caryopilite	163
Cassinite	177
Cassitérite	61
Castanite	112
Caswellite	160
Castellite	183
Castelnaudite (Xénotime)	121
Castillite (Frenzelite)	11
Castor	183
Catapléite	183
Cataspilite	167
Cathkinite	164
Catlinite	1
Cavolinite	166
Céladonite	163
Célestine	101
Cérargyrite	42
Cérite	151
Cérium carbonaté (Lanthanite)	95
— fluaté (Fluocérite)	47
— phosphaté (Churchite)	133
— silicaté (Cérite)	156
Cérolite	164
Cérusite	88
Cervantite	122
Ceylanite (Spinelle)	115
Chabasie	189
Chalcanthite	111
Chalcocite (Chalcosine)	27
Chalcodite	163
Chalcolite	137
Chalcoménite	96
Chalcomorphite	186
Chalcophanite	96
Chalcophyllite	134
Chalcopyrite	32
Chalcosidérite	136
Chalcosine	27

	Nᵒˢ des vitrines.			Nᵒˢ des vitrines.
Chalcostibite	33		Chlorophane	45
Chalcotrichite	68		Chlorophyllite	167
Chalilite	184		Chlorospinel (Pléonaste)	115
Chalybite (Sidérose)	84		Chlorotile	129
Chamoisite (Chamosite)	163		Chondrarsénite	133
Chamosite	163		Chondrodite	149
Chañarcillite	29		Chonicrite	*l*
Chathamite	22		Christianite	188
Chaux arséniatée anhydre (Berzéliite)	121		Christianite (Anorthite)	180
— boratée siliceuse (Datolite)	145		Christobalite	57
— carbonatée (Calcite)	72		Christophite	14
— — (Aragonite)	85		Chromite	116
— fluatée (Fluorine)	43		Chromocre	161
— niobatée (Azorite)	60		Chrysobéryl (Cymophane)	118
— — (Microlite)	60		Chrysocole	158
— oxalatée (Whewellite)	E		Chrysolite (Olivine)	153
— phosphatée (Apatite)	122		Chrysophane	46
— silicatée (Okenite)	186		Chrysoprase	57
— — (Wollastonite)	171		Chrysotile	164
— tungstatée (Scheelite)	105		Churchite	132
— sulfatée (Gypse)	108		Cimolite	165
— — (Anhydrite)	97		Cinabre	30
Cheleulite	21		Cinnamonstone (Essonite)	156
Chelmsfordite	181		Cire fossile (Ozocérite)	E
Chemawinite	E		Claudétite	49
Chènevixite	136		Clausthalite	26
Chessylite	91		Cleavelandite (Albite)	179
Chesterlite	178		Cléiophane	14
Chiastolite	142		Cléveïte	115
Childrenite	136		Clinochlore	162
Chiléite	127		Clinoclasite	128
Chilenite	29		Clinohumite	149
Chiolite	46		Clintonites (Groupe des)	162
Chloanthite	22		Cluthalite	185
Chlorargyrite (Cérargyrite)	42		Cobalt arséniaté (Erythrine)	131
Chlorastrolite	184		Cobalt arsénical (Smaltine)	21
Chlorites (Groupe des)	162		— gris (Cobaltine)	20
Chloritoïde	162		— oxydé noir (Asbolite)	96
Chlorocalcite	43		— sulfaté (Bieberite)	111
Chloromélanite	170		— sulfuré (Linnéite)	17
Chloropal (Nontronite)	165		Cobaltide (Asbolite)	96
			Cobaltine	20

	Nᵒˢ des vitrines.
Coccinite	43
Coccolite	169
Cœruléolactite	135
Cohenite	12
Coke naturel	E
Colemanite	120
Collyrite	165
Colophonite	156
Columbite (Niobite)	138
Comptonite	184
Condurrite	23
Confolensite	165
Conichalcite	134
Connellite	107
Cookeite	161
Copalite	E
Copiapite	112
Coquimbite	111
Cordiérite	167
Corindon	63
Cornaline (Agate)	57
Cornwallite	134
Coronguïte	120
Corundophyllite	163
Corynite	21
Cosalite	35
Cossaïte	161
Cossyrite	174
Cotunnite	46
Coupholite	159
Couseranite (Dipyre)	181
Covelline	30
Craie de Briançon (Talc)	164
Craitonite (Crichtonite)	67
Crednerite	96
Crichtonite	67
Cristal de roche	54
Cristobalite	57
Crocalite (Mésotype)	184
Crocidolite	174
Crocoïte	104
Cromfordite (Phosgénite)	94
Cronstedtite	163

	Nᵒˢ des vitrines.
Crucite	23
Cryolite	46
Cryophyllite	161
Cryptohalite	47
Cryptomorphite	120
Cuivre arséniaté (Olivénite)	126
— — (Cornwallite)	134
— — (Érinite)	128
— — (Euchroïte)	134
— — (Liroconite)	136
— — (Olivénite)	127
— arséniaté ferrifère (Clinoclasite)	128
— arsénical (Domeykite)	23
— carbonaté (Chessylite, Malachite)	91
— gris (Panabase, Tennantite)	38
— hydrosiliceux (Chrysocole)	138
— jaune (Chalcopyrite)	33
— natif	5
— noir (Chalcosine)	27
— oxydé noir (Mélaconise, Ténorite)	68
— oxydé rouge (Cuprite)	67
— oxydulé (Cuprite)	67
— panaché (Erubescite)	33
— phosphaté (Libethenite)	126
— — (Tagilite)	134
— pyriteux (Chalcopyrite)	33
— pyriteux hépatique (Erubescite)	33
— sélénié (Eucaïrite)	29
— — (Berzélianite)	29
— sulfaté (Chalcanthite)	111
— sulfuré (Chalcosine)	27

	Nᵒˢ des vitrines.
— vanadaté (Vanadi-nite)	125
— velouté (Lettso-mite)	114
— vitreux (Chalcosine)	27
Cumengéite	48
Cummingtonite	173
Cupréine (Chalcosine)	27
Cuprite	67
Cuproapatite	123
Cuprocalcite	80
Cuprodescloizite	127
Cuproscheelite	105
Cuprotungstite	105
Cuprouranite (Chalcolite)	137
Cuspidine	171
Cyanite (Disthène)	142
Cyanose (Chalcanthite)	111
Cyanotrichite (Lettsomite)	114
Cymatolite	171
Cymophane	118
Cyprine	153
Cyrtolite	60

D

Damourite	161
Danaïte	23
Danalite	149
Danburite	155
Dannemorite	173
Darapskyte	72
Datolite	145
Daubréeite	48
Daubréelite	32
Davreuxite	1
Davyne	166
Dawsonite	93
Dechenite	127
Dégeroïte	163
Delafossite	118
Delanouite	165

	Nᵒˢ des vitrines.
Delessite	163
Delphinite (Epidote)	150
Delvauxite	135
Demantoid (Diamantoïde)	156
Dermatine	164
Dernbachite	137
Descloizite	127
Desmine (Stilbite)	187
Destinézite	130
Devilline	111
Devonite (Wavellite)	134
Dewalquite (Ardennite)	189
Deweylite	164
Diabantite	163
Diaclasite	168
Diadelphite (Hématolite)	130
Diadochite	130
Diallage	169,170
Diallogite	84
Diamant	1, 191
Diamantoïde	156
Diaphorite	36
Diaspore	70
Dichroïte (Cordiérite)	167
Dickinsonite	130
Didrimite	161
Didymite (Didrimite)	161
Dietrichite	113
Dietzéite	97
Dihydrite	128
Dillnite	165
Dimagnétite	118
Dinite	E
Diopside	169
Dioptase	158
Dioxylite (Lanarkite)	107
Diphanite (Margarite)	162
Dipyre	181
Disomose (Gersdorffite)	21
Disterite (Brandisite)	162
Disthène	142
Dobschauite	21
Dolérophanite	107

	N⁰ˢ des vitrines.		N⁰ˢ des vitrines.
Dolomie	80	Electrum	9
Domeykite	23	Eléolite	165
Dopplerite	E	Eléonorite	134
Dravite (Tourmaline)	147	Elhuyarite	165
Dréelite	100	Eliasite	190
Dufrénite	129	Elpidite	183
Dufrénoysite	35	Embolite	42
Dumortiérite	141	Embrithite	36
Duporthite	1	Emeraude	175
Durangite	126	Emeraude orientale	64
Dysanalyte	168	Emeri	64
Dysclasite	185	Emerylite	162
Dyscrasite	29	Empholite	70
Dysyntribite	165	Emplectite	34
Dysluite	116	Enargite	40
Dysodyle	E	Enceladite (Warwickite)	140
		Endellionite (Bournonite)	36
E		Engelhardite (Zircon)	59
Ecdémite	120	Enhydre	57
Ecume de mer	164	Enstatite	168
Edelforsite	171	Enysite	114
Edenite	173	Eosphorite	135
Edingtonite	185	Ephésite	142
Edwardsite	122	Epiboulangérite	40
Egérane	153	Epidote	150
Ehlite	128	Epididymite	182
Ehrenbergite	165	Epiphanite	163
Eichwaldite (Jéréméjéwite)	119	Epistilbite	186
Eisenapatit	128	Epsomite	110
Eisenbrucite	72	Erdmannite	60
Eisenglanz (Oligiste)	65	Erémite (Monazite)	122
Eisenkies (Pyrite)	17	Erinite	128
Eisenkiesel (Quartz ferru-gineux)	54	Erubescite	32
		Erythrine	131
Eisennickelkies (Pentlandite)	15	Erythrosidérite	46
Eisenrose	67	Erythrozincite	15
Eisenvitriol (Mélantérite)	110	Esmarkite	167
Eisspath	177	Essonite	156
Ekdémite	120	Etain de bois	62
Ekebergite	181	— oxydé (Cassitérite)	62
Ekmannite	163	— sulfuré (Stannine)	40
Elasmose (Nagyagite)	31	Ettringite	114
Elatérite	E	Eucaïrite	29

	N⁰ˢ des vitrines.
Euchlorine	107
Euchroïte	134
Euclase	146
Eucolite	183
Eucolittitanit	183
Eucrasite	62
Eucryptite	166
Eudyalite	183
Eudidymite	182
Eudnophite	185
Eulytine	155
Euphyllite	161
Eusynchite	127
Euthallite	185
Euxénite	139
Evansite	135
Evigtokite (Gearksutite)	47
Exanthalose (Mirabilite)	108
Exitèle (Valentinite)	49

F

	N⁰ˢ des vitrines.
Fahlerz (Panabase)	38
Fahlunite	167
Fairfieldite	130
Famatinite	40
Fassaïte	170
Faujasite	186
Fauserite	110
Fayalite	154
Feldspaths (Groupe des)	176
Felsöbanyite	112
Fer arséniaté (Pharmaco-sidérite)	134
— — (Scorodite)	132
— arsénical (Löllingite, etc.)	23
— azuré (Vivianite)	131
— boraté (Lagonite)	119
— — (Ludwigite)	119
— calcaréosiliceux (Ilvaïte)	148
— carbonaté (Sidérite)	84
— carburé (Graphite)	191
— chromaté (Chromite)	117
— chromé (Chromite)	117
— hydroxydé (Limonite, Göthite, Turgite)	70,71
— magnétique (Magnétite)	118
— météorique	5
— natif	5
— oligiste	65
— oxydé (Oligiste)	65
— oxydulé (Magnétite)	118
— oxydulé titanifère (Isérine)	67
— phosphaté (Vivianite)	131
— — (Ludlamite)	134
— spathique (Sidérose)	84
— spéculaire (Oligiste)	65
— silicaté (Ilvaïte)	148
— sulfaté (Mélantérite)	111
— sulfuré arsénical (Mispickel)	22
— sulfuré blanc (Marcasite)	22
— sulfuré jaune (Pyrite)	17
— sulfuré magnétique (Pyrrhotine)	16
— titané (Ilménite)	67
Ferberite	106
Fergusonite	138
Feroëlite	184
Ferronatrite	113
Feuerblende (Pyrostilpnite)	37
Fibroferrite	112
Fibrolite	142
Fichtelite	E
Ficinite	130
Fiedlerite	47
Fiorite	69
Fischerite	135
Flinkite	129
Flos ferri	86
Flucérine (Fluocérine)	47

	Nᵒˢ des vitrines.		Nᵒˢ des vitrines.
Fluellite	46	Geyserite	69
Fluocérite	47	Gibbsite	70
Fluorine	43	Gieseckite	165
Forcherite	69	Gigantolite	167
Forésite	187	Gilbertite	161
Forsterite	153	Gillingite	163
Fouquéite	149	Giobertite	81
Fournétite	37	Girasol	69
Fowlerite	172	Gismondine	188
Francolite	123	Glagerite	165
Franklinite	116	Glaserite (Aphthitalite)	197
Freibergite	39	Glauberite	97
Freieslébenite	36	Glaucodot	23
Frenzelite	11	Glaucolite	181
Freyalite	62	Glauconie	163
Friedelite	159	Glaucophane	174
Frieséite	33	Glimmer (Mica)	160
Frugårdite	153	Glinkite	154
Fuchsite	161	Glossécollite	69
		Gmélinite	189
		Gœthite	70
G		Gold (Or)	7
		Gongylite	167
Gadolinite	145	Gordaïte (Ferronatrite)	113
Gahnite	116	Goslarite	110
Galactite	184	Goyazite	136
Galène	24	Graménite	165
Galénobismuthite	34	Grammatite (Trémolite)	173
Gallizinite (Goslarite)	111	Granat (Grenat)	155
Gamsigradite	174	Graphite	1,191
Ganomalite	167	Greenlandite (Niobite)	138
Ganomatite	137	Greenockite	15
Ganophyllite	187	Greenovite	183
Garniérite	164	Grenatite	140
Gastaldite	174	Grenats (Groupe des)	155
Gay-Lussite	94	Grengésite	163
Gearksutite	47	Griphite	128
Gédanite	15	Groddeckite	190
Gédrite	172	Groroïlite	96
Gehlenite	145	Grossulaire	156
Genthite	164	Grothite	183
Géocronite	39	Grünauite	17
Gersdorffite	21	Grünerde (Céladonite)	163

	Nᵒˢ des vitrines.
Grünerite	173
Guadalcazarite	30
Guanajuatite	11
Guanite	130
Guarinite	183
Guéjarite	33
Guitermanite	37
Gümbelite	161
Gummite	190
Gymnite (Deweylite)	164
Gypse	108
Gyrolite	186

H

Haarkies (Millerite)	15
Haarsalz (Halotrichite)	113
Haddamite (Microlite)	138
Hafnefjordite	180
Hagemannite	47
Haidingerite (Berthiérite)	33
Halite (Sel gemme)	41
Halloysite	165
Halotrichite	113
Hanksite	107
Hannayite	133
Harmotome	188
Harringtonite	185
Harrisite	28
Hatchettine	E
Hatchettolite	138
Hauchecornite	16
Hauerite	17
Hausmannite	96
Hautefeuillite	131
Haüyne	166
Haydenite	189
Hayésine (Ulexite)	120
Haytorite	145
Hébronite	126
Hédenbergite	169
Hédyphane	125
Héliotrope	57

	Nᵒˢ des vitrines.
Helminthe	163
Helvite	149
Hémafibrite	133
Hématite (Oligiste)	65
Hématolite	129
Hématostibiite	129
Hémimorphite (Calamine)	141
Henwoodite	133
Hétérocline (Rhodonite)	172
Hétéromérite	151
Hercynite	115
Herderite	126
Herrengrundite	111
Herrerite	83
Herschelite	190
Hessite	27
Hétéromérite	153
Hétéromorphite	35
Hétérosite	121
Heulandite	186
Hexagonite	173
Hiératite	47
Hiddenite	171
Hillängsite	173
Hiortdahlite	172
Hisingerite	163
Hitchcockite (Plumbogummite)	136
Hjelmite	139
Hœrnesite	131
Hohmannite	111
Homilite	145
Hopéite	131
Hornblende	173
Hortonolite	154
Houghite	72
Houilles	E
Huantajayite	42
Hübnerite	106
Hullite	163
Humboldtine	E
Humboldtilite	165
Humites (Groupe des)	148

	N^os des vitrines.		N^os des vitrines.
Huréaulite	133	Indicolite	147
Hversalt (Halotrichite)	113	Indigo copper (Covelline)	30
Hyalite	69	Inésite	187
Hyalophane	177	Iodargyrite	43
Hyalosidérite	154	Iodchromate (Dietzéite)	97
Hydrargillite	70	Iodite (Iodargyrite)	43
Hydroapatite	123	Iodobromyrite	43
Hydroboracite	120	Iodyrite	43
Hydrocérusite	93	Iolite (Cordiérite)	167
Hydrocyanite	104	Iridium	4
Hydrodolomite	95	Iridosmine	5
Hydrohématite (Turgite)	70	Iridplatine	4
Hydrolite (Gmelinite)	189	Irite	5
Hydromagnésite	95	Iron (Fer)	5
Hydronéphélite	184	Ironsinter (Pitticite)	135
Hydrophane	69	Isérine	67
Hydrophite	164	Ittnerite	166
Hydrorutile	1	Ivaarite	158
Hydrotalcite	72	Ivigtite	161
Hydrotéphroïte	154	Ixiolite	139
Hydrotitanite	168	Ixolyte	E
Hydrozincite	90		
Hypersthène	168		
Hypochlorite	1		
Hyposclérite	179		
Hystatite	67		

I
J

Ichthyophthalme (Apophyllite)	185	Jacksonite (Prehnite)	158
Idocrase	151	Jacobsite	116
Idrialite	E	Jade	173
Idrociano (Hydrocyanite)	104	Jadéite	170
Igelströmite	154	Jamesonite	35
Iglésiasite	89	Jargon (Zircon)	59
Iglite	86	Jarosite	114
Ihléite	111	Jaspe	57
Illuderite	149	Jaulingite	E
Ilménite	67	Jayet	E
Ilménorutile	59	Jefferisite	159
Ilvaïte	148	Jeffersonite	169
Indianite	180	Jelletite	156
		Jéréméjéwite	119
		Jewreinowite	153
		Johannite	112
		Johnstrupite	171
		Jollyte	163
		Jordanite	39

	Nᵒˢ des vitrines.		Nᵒˢ des vitrines.
Joséite	12	Kobaltblüthe (Erythrine)	131
Junckerite	85	Kobellite	35
Jurinite (Brookite)	58	Kokscharoffite	173
		Koninckite	133
K		Könlite	E
		Koppite	138
Kainite	114	Kornérupine	140
Kalait (Turquoise)	135	Kotschubéite	162
Kalinite	113	Kottigite	132
Kaliophilite (Phacélite)	166	Krantzite	E
Kalkuranit (Autunite)	136	Kraurite (Dufrénite)	129
Kaluszite (Syngenite)	113	Krennerite	31
Kamacite	5	Kröhnkite	113
Kümmererite	163	Kryptotile	158
Kaolin	165	Kühnite (Berzéliite)	121
Kaolinite	165	Kupferdiaspore	128
Kapnicite (Wawellite)	134	Kupferglanz (Chalcosine)	27
Kapnite	82	Kupferglimmer (Chalco-phyllite)	134
Kârarfveite	122	Kupferindig (Covelline)	30
Karstenite (Anhydrite)	97	Kupferkies (Chalcopyrite)	33
Kealingine	172	Kupferlasur (Chessylite)	91
Keffekilite	165	Kupfernickel (Nickéline)	16
Keilhauite	183	Kupferpecherz (Chrysocole)	158
Kentrolite	148	Kupfervitriol (Chalcanthite)	111
Kéramohalite (Halotrichite)	113	Kupferwismutherz (Klapro-tholite)	34
Kérasine (Phosgénite)	94	— (Wittichenite)	36
Kermésite	40	Kupferwismuthglanz (Em-plectite)	34
Kibdélophane	67	Kupfferite	172
Kieserite	110	Kylindrite	40
Killinite	171		
Kirwanite	174	**L**	
Kischtimite	94		
Kjerulfine	127	Lâvenite	171
Klaprothine	129	Labrador	180
Klaprotholite	34	Lagonite	120
Klementite	163	Lanarkite	107
Klipsteinite	172	Lancasterite	95
Knebelite	154	Långbanite	149
Knopite	168	Langbeinite	97
Kobaltarsenkies (Glauco-dot)	23	Langite	111
Kobaltglanz (Cobaltine)	20		
Kobaltnickelkies (Linnéite)	71		

	Nᵒˢ des vitrines.		Nᵒˢ des vitrines.
Lansfordite	95	Lévyne	190
Lanthanite	95	Libethenite	126
Lanthanocérite (Cérite)	151	Liebenerite	165
Lapis-lazuli (Outremer)	166	Liebigite	95
Larderellite	120	Liévrite (Ilvaïte)	148
Lardite (Pagodite)	165	Lignite	E
Lasionite	135	Ligurite	183
Latialite (Haüyne)	166	Lilalite (Lipodolite)	161
Laumonite (Laumontite)	190	Lillite	163
Laumontite	190	Lime (Chaux)	
Laurionite	47	Limnite	71
Laurite	22	Limonite	71
Lautarite	97	Linarite	107
Lautite	31	Lindackerite	137
Lavendulan	129	Lindésite (Urbanite)	169
Lâvenite	171	Lindsayite	180
Lawrowite	169	Linnéite	17
Lawsonite	148	Lintonite	184
Laxmannite (Vauquelinite)	130	Liroconite	136
Lazulite (Klaprothine)	129	Liskeardite	133
Lazurite (Outremer)	166	Lithionite (Lépidolite)	161
Lead (Plomb)	5	Lithiophilite	121
Leadhillite	107	Lithomarge	l
Lédererite	190	Livingstonite	33
Léderite	183	Loboïte	153
Lehmannite (Crocoïte)	104	Löllingite	23
Lehrbachite	26	Lorandite	34
Lenzinite	165	Lossenite	137
Léonhardite	190	Lœweïte	113
Lépidocrocite	70	Lœwigite	114
Lépidolite	161	Loxoclase	177
Lépidomélane	160	Luckite	110
Lépolite	180	Ludlamite	134
Lettsomite	114	Ludwigite	119
Leucaugite	169	Lunnite	128
Leuchtenbergite	162	Lussatite	56
Leucite	174	Lutécite	57
Leucochalcite	134		
Leucolite (Dipyre)	181		
Leucophane	167		
Leucopyrite	17		
Leucoxène (Sphène)	182	Macle (Chiastolite)	141
Leverriérite	165	Magnésioferrite	116

M

	Nᵒˢ des vitrines.
Magnésite	164
Magnétite	117
Magnetkies (Pyrrhotine)	16
Magnetostibian	118
Magnoferrite	116
Malachite	90
Malacolite	169
Malacon	60
Maldonite	29
Mallardite	110
Malthe (Pissasphalte)	E
Manganapatite	123
Manganblende (Alabandite)	15
Manganépidote (Piémontite)	151
Manganèse boraté (Sus-sexite)	119
— carbonaté (Diallogite)	84
— hydraté (Acerdèse)	71
— oxydé (Braunite)	96
— — (Haussmannite)	96
— — (Pyrolusite, Polianite)	62
— — (Psilomélane)	96
— oxydé siliceux (Rhodonite)	172
— phosphaté (Huréaulite, etc.)	133
— phosphaté ferrifère (Triplite)	128
— silicaté (Rhodonite)	172
— — (Téphroïte)	154
— sulfuré (Alabandte)	115
— — (Hauerite)	17
Manganidocrase	153
Manganite (Acerdèse)	71
Mangankies (Hauerite)	17
Manganocalcite	84
Manganophyllite	160
Manganosite	63
Manganostibiite	129
Manganpectolite	171
Marcasite	22

	Nᵒˢ des vitrines.
Marceline	96
Margarite	162
Margarodite	161
Marialite	181
Marionite (Hydrozincite)	86
Marmairolite	173
Marmatite	14
Marmolite	164
Martinsite (Kieserite)	111
Martite	118
Mascagnite	97
Masonite	162
Massicot	68
Matlockite	47
Maxite	107
Mazapilite	135
Medjidite	112
Meerschaum (Ecume de mer)	164
Mégabasite	106
Méionite	181
Mélaconite	68
Melanchlore	121
Melanglanz (Stéphanite)	39
Mélanite	156
Mélanocérite	140
Mélanochlore	121
Mélanochroïte (Phœnicochroïte)	107
Mélanophlogite	57
Mélanotékite	148
Mélanothallite	48
Mélantérite	110
Mélilite	165
Mélinophane	167
Mélinose (Wülfenite)	104
Méliphane (Mélinophane)	167
Mellite	E
Ménaccanite	67
Mendipite	47
Méneghinite	39
Mengite	122
Ménilite	69
Mennige (Minium)	68

N^{os} des vitrines.

Mercure — 7
— antimonié (Ammio-lite) — 120
— argental (Amalgame) — 7
— chloruré (Calomel) — 46
— natif — 7
— séléniuré (Tiemannite) — 30
— sulfuré (Cinabre) — 30
— — (Métacinabre) — 26
Méroxène — 160
Mésitite — 82
Mésole — 184
Mésolite — 185
Mésotype — 184
Messelite — 130
Métachlorite — 163
Métacinabre — 29
Métaxite — 164
Meymacite — 69
Miargyrite — 34
Micarelle — 181
Micas (Groupe des) — 159
Michel-Lévyte — 100
Microcline — 178
Microlite — 138
Microsommite — 166
Miémite — 81
Miésite — 124
Milarite — 183
Millerite — 15
Miloschine — 165
Mimétèse (Mimétite) — 125
Mimétite — 125
Minervite — 133
Minium — 68
Mirabilite — 108
Mispickel — 22
Misy (Copiapite) — 112
Mixite — 137
Mizzonite — 181
Modumite (Skutterudite) — 23
Molybdenglanz(Molybdénite) — 12

N^{os} des vitrines.

Molybdène oxydé (Molybdite) — 94
— sulfuré (Molybdénite) — 12
Molybdénite — 12
Molybdite — 49
Monazite — 122
Monazitoïde (Monazite) — 122
Mouheimite — 83
Monrolite — 142
Montebrasite — 126
Monticellite — 153
Montmartrite (Gypse) — 110
Montmorillonite — 165
Morénosite — 110
Moresnétite — 141
Morinite — 137
Moroxite — 123
Morvenite — 188
Mosandrite — 171
Mossottite — 86
Müllerine — 31
Mullicite — 131
Murchisonite — 177
Muscovite — 161
Mussite — 169
Mysorine — 90

N

Nacrite — 161
Nadeleisenerz (Göthite) — 71
Nadorite — 120
Nagyagite — 31
Nantokite — 46
Naphte (Pétrole) — E
Naphtaline — E
Natroborocalcite (Ulexite) — 120
Natrolite (Mésotype) — 184
Natron — 94
Natroncatapléite — 183
Natronorthoklas (Anorthose) — 178
Naumannite — 27

N^{os} des vitrines.

Neftgil E
Némalite 72
Néochrysolite 154
Néoctèse (Scorodite) 132
Néoplase (Botryogène) 114
Néotokite 172
Néphéline 165
Néphrite (Jade) 173
Neptunite 183
Nesquehonite 95
Newberyite 133
Newjanskite 5
Niccolite (Nickéline) 16
Nickel arséniaté (Annabergite) 132
Nickel arsénical (Nickéline) 16
— —(Chloanthite) 22
— —(Rammelsbergite) 23
— arséniosulfuré (Gersdorffite) 21
— carbonaté (Zaratite) 95
— émeraude (Zaratite) 95
— gris (Ullmannite) 21
— silicaté (Nouméite) 164
— sulfaté (Morénosite) 110
— sulfuré (Millerite) 15
Nickelarsenkies (Gersdorffite) 21
Nickelblüthe (Annabergite) 132
Nickelgymnite (Genthite) 164
Nickéline 16
Nickelglanz (Gersdorffite) 21
Nickelochre (Annabergite) 132
Nicopyrite (Pentlandite) 15
Nigrine 59
Niobite 138
Nitratine 72
Nitre 72
Nitrocalcite 72
Nocérite 47
Nontronite 165
Nordenskiöldite 173

Noséane 166
Nosélite (Noséane) 166
Nosite (Noséane) 166
Nouméite 164
Nuissiérite 124
Nuttalite 181

O

Octaédrite (Anatase) 58
Odontolite 135
Œil-de-chat 55
Œil-de-tigre 56
Œrstedite 60
Offrétite 188
Oisanite (Anatase) 58
Oisanite (Épidote) 150
Okénite 186
Olafite 179
Oligiste 65
Oligoclase 179
Oligonite 85
Olivénite 127
Olivine 153
Omphazite 170
Onégite 70
Ontariolite 181
Onyx 57
Opale 69
Or graphique (Sylvanite) 31
Or natif 7
— telluré (Calavérite, etc.) 31
Orangite 62
Ornithite 133
Oropion (Halloysite) 165
Orpiment 10
Orthite 151
Orthoclase (Orthose) 177
Orthose 177
Osmiridium (Iridosmine) 5
Ostéolite 124
Ottrélite 162

	Nᵒˢ des vitrines.		Nᵒˢ des vitrines.
Ouralite	173	Périclase	63
Ouralorthite	151	Péricline	179
Outremer	166	Péridots (Groupe des)	153
Ouwarowite	156	Péristérite	179
Owenite (Thuringite)	163	Persbergite	165
Oxacalcite (Whewellite)	E	Perthite	177
Oxalite (Humboldtine)	E	Pérowskite	168
Oxammite	E	Pétalite	183
Ozocérite	E	Pétrole	E
		Petzite	29
P		Phacélite	166
		Phacolite	189
Pachnolite	47	Phæstine	168
Pagodite	165	Pharmacolite	133
Pajsbergite (Rhodonite)	172	Pharmacosidérite	134
Palæonatrolith	184	Phénacite	154
Paligorskite	1	Phengite (Muscovite)	161
Palladium	5	Phillipsite	188
Panabase	38	Phillipsite (Erubescite)	32
Pandermite	120	Phlogopite	160
Paracolumbite (Ilménite)	67	Phœnicite (Phœnicochroïte)	107
Paraffine (Ozocérite)	E	Phœnicochroïte	107
Paragonite	161	Pholérite	165
Paranthine (Scapolite)	181	Phosgénite	94
Parastilbite (Epistilbite)	186	Phosphorite	124
Pargasite	173	Phosphammite	130
Parisite	94	Phosphuranylite	136
Partzite	120	Photicite	172
Passauite	181	Phyllite	162
Patéraïte	106	Piauzite	E
Patrinite (Aikinite)	37	Pickeringite	114
Paulite (Hypersthène)	168	Picotite	116
Pechblende (Uraninite)	115	Picranalcime	185
Pechurane (Uraninite)	114	Picroallumogène	113
Pectolite	171	Picrolite	164
Péganite	135	Picromérite	113
Péliom (Cordiérite)	167	Picropharmacolite	131
Pennine	163	Picrophylle	169
Pennite	95	Picrosmine	164
Pentlandite	15	Pictite	183
Penwithite	163	Piémontite	151
Péplolite	167	Pierre d'asperge	123
Pércylite	48	Pierre de croix (Staurotide)	140

	Nos des vitrines.
Pierre de lune	177
Pierre de savon du Maroc	164
Pierre de soleil	179
Pierre de tripes (Anhydrite)	97
Pilinite	163
Pilolite	164
Pimélite	164
Pinakiolite	119
Pinguite	165
Pinite	167
Pinnoïte	120
Pisanite	110
Pissasphalte	E
Pissophane	112
Pistazite (Epidote)	150
Pistomésite	82
Pitkärantite	174
Pitticite	137
Plagionite	34
Planerite	132
Plâtre de Paris (Gypse)	108
Platine	4
Platiniridium (Iridplatine)	4
Plattnerite	62
Pléonaste	115
Pléonectite	125
Plessite	5
Pleurasite	129
Plinian	23
Plomb	5
— antimonié sulfuré (Bournonite, etc.)	36
— arséniaté (Mimétite)	125
— carbonaté (Cérusite)	88
— chlorocarbonaté (Phosgénite)	94
— chloruré (Cotunnite)	46
— chromaté (Crocoïte)	140
— corné (Phosgénite)	94
— hydroalumineux (Plombogummite)	136
— jaune (Wülfenite)	104
— molybdaté (Wülfenite)	104
— oxychloroioduré (Schwarzembergite)	47
— oxydé jaune (Massicot)	68
— oxydé brun (Plattnerite)	62
— oxydé rouge (Minium)	68
— phosphaté (Pyromorphite)	124
— sélénié, séléniuré (Clausthalite)	26
— sulfaté (Anglésite)	103
— — (Lanarkite)	107
— sulfaté cuprifère (Linarite)	107
— sulfaté tricarbonaté (Leadhillite)	107
— sulfocarbonaté cuprifère (Calédonite)	107
— sulfuré (Galène)	24
— sulfuré antimonifère (Bournonite)	36
— telluré (Altaïte)	26
— tungstaté (Stolzite)	105
— vanadiaté (Vanadinite)	125
Plomb-gomme (Plumbogummite)	136
Plombagine (Graphite)	191
Plombiérite	186
Plumbéine	25
Plumbocalcite	80
Plumboferrite	118
Plumbogummite	136
Plumbonacrite (Hydrocérusite)	93
Plumbostannite	40
Plumbostib	36
Plumosite	35
Poikilite (Erubescite)	33

	Nos des vitrines.		Nos des vitrines.
Poix minérale	E	Pufflerite	187
Polianite	62	Pycnite	144
Pollux	176	Pyknotrop	164
Polyargite	180	Pyrallolite	164 et 169
Polyarsénite	128	Pyrargillite	167
Polybasite	40	Pyrargyrite	38
Polycrase	139	Pyrénéite	156
Polydymite	17	Pyrgome (Fassaïte)	170
Polyhalite	113	Pyrite	17
Polymignite	139	Pyrite blanche (Marcasite)	22
Polysphérite	124	— magnétique (Pyrrho-	
Poohnalite	185	tine)	16
Porpézite	9	Pyroaurite	72
Porricine	170	Pyrochlore	138
Porcellanspath	181	Pyrochroïte	72
Potasse chlorurée (Sylvine)	41	Pyroidésine	164
— nitratée (Nitre)	72	Pyrolusite	62
— sulfatée (Aphthi-		Pyromorphite	124
talite)	97	Pyrope	157
— — (Taylorite)	97	Pyrophanite	67
Prase	55	Pyrophyllite	165
Praséolite	167	Pyrophysalite	144
Prehnite	158	Pyrorétinite	E
Prehnitoïde (Dipyre)	181	Pyrorthite	151
Pricéite (Pandermite)	120	Pyrosclérite	l
Prismatine	140	Pyrosmalite	159
Prochlorite (Ripidolite)	163	Pyrostilpnite	38
Prosopite	47	Pyroxène	168
Protovermiculite	160	Pyrrhite	138
Proustite	37	Pyrrhoarsénite	121
Przibramite	70	Pyrrholite	180
Psaturose (Stéphanite)	39	Pyrrhotine	16
Pseudoapatite	123		
Pseudobiotite	160	**Q**	
Pseudoboléite	48		
Pseudobrookite	67	Quartz	50
Pseudomalachite	128	— améthyste	54
Pseudophite	163	— encapuchonné	54
Pseudotriplite	121	— enfumé	54
Psilomélane	96	— hématoïde	54
Ptérolite	160	— hyalin	54
Ptilolite	190	— laiteux	55
Pucherite	122	— résinite (Opale)	69

	Nᵒˢ des vitrines.
— rose	54
— rubigineux	55
Quecksilber (Mercure)	7
Quecksilberhornfels (Calomel)	46
Quincyte	164

R

	Nᵒˢ des vitrines.
Radiolite	184
Rahtite	14
Raimondite	111
Ralstonite	47
Ramirite	127
Rammelsbergite	23
Randannite	69
Randite	95
Ranite	184
Raphisidérite	67
Ratholite	171
Rauite	184
Réalgar	10
Rectorite	160
Reddingite	130
Redruthite (Chalcosine)	27
Reissite	90
Rensselaerite	164
Rétinasphalte	E
Rétinalite	164
Rétinite	E
Reussin	108
Rewdanskite	164
Rhabdite	12
Rhabdophane	132
Rhætizite	143
Rhodalose (Bieberite)	111
Rhodite	9
Rhodizite	119
Rhodoarsenian	l
Rhodochrome	163
Rhodochrosite (Diallogite)	84
Rhodoïse	131
Rhodonite	172
Rhodophosphite	25
Rhodotilite	187
Rhyacolite (Sanidine)	177
Richellite	134
Richterite	173
Riebeckite	174
Rinkite	172
Ripidolite	163
Riponite (Dipyre)	181
Risséite	90
Rittingerite	37
Rivotite	137
Rœmerite	114
Rœpperite	154
Rœttisite	164
Rogersite	139
Romanzovite	156
Roméine	120
Roscoelite	161
Roselite	130
Rosellane	180
Rosenbuschite	171
Rosite	180
Rosterite	176
Rothoffite	156
Rothspiessglanzerz (Kermésite)	40
Rowlandite	145
Rubellane	160
Rubellite	147
Rubicelle (Spinelle)	115
Rubis	64
— balai (Spinelle)	115
— oriental (Corindon)	64
— spinelle	115
Rutile	58

S

	Nᵒˢ des vitrines.
Sagénite	59
Sahlite	169
Salite	169
Salmiac	41

	N⁰ˢ des vitrines.		N⁰ˢ des vitrines.
Salpêtre (Nitre)	72	Schwerbleierz (Plattnerite)	68
Samarskite	139	Schwerspath (Barytine)	98
Sammetblende (Przibra-mite)	17	Scléroclase (Sartorite, Du-frénoysite)	35
Sandbergerite	39	Scolécite	185
Sanguinite	37	Scolopside	166
Sanidine	177	Scorodite	132
Saphir (Corindon)	64	Scotiolite	163
— astérié	64	Scoulérite	184
Saphir d'eau (Cordiérite)	167	Seebachite	189
Saphirine	140	Selbite	1
Saponite	164	Sel ammoniac (Salmiac)	41
Sarcolite	182	Sel gemme	41
Sarcopside	128	Selenblei (Clausthalite)	26
Sardoine (Agate)	57	Selenkupfer (Berzélianite)	29
Sarkinite	128	Selenkupferblei (Zorgite)	26
Sartorite	34	Selenquecksilber (Tieman-nite)	30
Sassoline	70	Selensilber (Naumannite)	27
Saualpite (Zoïsite)	149	Selensulphur (Volcanite)	2
Saussurite	180	Selenwissmuthglanz (Gua-najuatite)	11
Savon de Plombières	165	Sellaïte	46
Savite	184	Séméline	183
Scapolite	181	Semi-opale (Opale)	69
Schalenblende	14	Semseyite	35
Schapbachite	35	Senarmontite	49
Scheelin calcaire (Scheelite)	105	Sépiolite (Magnésite)	164
— ferruginé (Wolfram)	106	Serbian (Miloschine)	165
Scheelite	105	Séricite	161
Schefferite	169	Serpentine (Groupe de l'An-tigorite, etc.)	164
Schérerite	E	Serpiérite	111
Schieferspath	79	Sévérite	165
Schilfglaserz (Freieslebe-nite)	36	Seybertite	162
Schillerspath (Bastite)	164	Sexangulite (Plumbéine)	153
Schirmerite	34	Sibérite (Rubellite)	147
Schorlomite	158	Sidérétine (Pittizite)	137
Schraufite	E	Sidérite	55
Schreibersite	12	Sidérochrome (Chromite)	117
Schrifterz (Sylvanite)	31	Sidéronatrite	114
Schwartzembergite	47	Sidéroplésite	85
Schwatzite	39	Sidérose	84
Schwefel (Soufre)	1		
Schwefelkies (Pyrite)	17		

	N°ˢ des vitrines.
Siegenite	17
Silberantimonglanz (Miargyrite)	35
Silberglanz (Argyrose)	26
Silberkupferglanz (Stromeyerite)	28
Silex, Silex nectite	69
Silfbergite	173
Sillimanite	142
Silver (Argent)	6
Simonyite (Blödite)	113
Sipylite	138
Sismondine	162
Skogbölite	139
Skutterudite	23
Smaltine	21
Smaragdite	173
Smaragdochalcite	1
Smithsonite	82
Snarumite	172
Sodalite	166
Sombrérite	124
Sommairite	110
Sommarugaïte	21
Sommervillite	158
Sommite (Néphéline)	165
Soufre	1
Spadaïte	163
Spartaïte	80
Spartalite (Zincite)	63
Spath brunissant (Calcite ferrifère)	73
Spath d'Islande (Calcite)	73
Spath fluor (Fluorine)	43
Spath perlé (Dolomie)	80
Spath satiné	79
Speiskobalt (Smaltine)	21
Sperkise (Marcasite)	22
Spessartine	157
Sperrylite	22
Sphalérite (Blende)	13
Sphène	182
Sphénoclase	107

	N°ˢ des vitrines.
Sphérite	135
Sphérocobaltite	85
Sphérosidérite	85
Spiauterite	15
Spinelle	115
Spinellane (Noséane)	166
Spinelle zincifère (Gahnite)	115
Spinthère	183
Spodumen (Triphane)	171
Spreustein	184
Sprödglaserz (Stéphanite)	39
Staffelite	123
Stannite	40
Stassfurthite	119
Staurolite (Staurotide)	140
Staurotide	140
Steargillite	165
Stéatite	164
Steenstrupite	140
Steinmannite	25
Steinsalz (Sel gemme)	41
Stellite (Pectolite)	171
Stéphanite	39
Stercorite	133
Sternbergite	33
Stetefeldtite	120
Stibiconise	133
Stibine	10
Stiblite (Stibiconise)	133
Stibnite (Stibine)	10
Stilbite	187
Stilpnomélane	163
Stilpnosidérite	67
Stolpenite	165
Stolzite	105
Strahlerz (Clinoclasite)	128
Strahlstein (Actinote)	173
Stratopéite	172
Strengite	132
Striegisan	135
Striegovite	163
Stromeyerite	28

	Nᵒˢ des vitrines.
Strontiane carbonatée (Strontianite)	87
— sulfatée (Célestine)	101
Strontianite	87
Struvite	130
Stypticite (Fibroferrite)	112
Succin (Succinite)	E
Succinite	E
Sulfoborite	107
Susannite	107
Sussexite	119
Svabite	124
Svanbergite	137
Sychnodymite	17
Sylvanite	31
Sylvine	41
Symplésite	131
Synadelphite	129
Syngenite	113
Sysserskite	5
Szabóite	168
Szaibélyite	119
Szmikite	110

T

	Nᵒˢ des vitrines.
Tabaschir	69
Tabergite	163
Tachyhydrite	46
Tænite	5
Tagilite	134
Talc	164
Talc-apatite	123
Talc-chlorite	163
Talctriplite	128
Taltalite (Tourmaline)	147
Tamarite (Chalcophyllite)	134
Tamarugite	114
Tankite	180
Tantalite	139
Tapiolite	139
Tarapacaïte	97
Taraspite	86
Tarnowitzite	86

	Nᵒˢ des vitrines.
Tasmanite	E
Taylorite	97
Técorétine	E
Télésie	64
Tellurblei (Altaïte)	26
Tellure auroargentifère (Sylvanite)	31
— auroplombifère (Nagyagite)	31
— graphique (Sylvanite)	31
— natif	3
Tellursilber (Hessite)	27
Tengerite	95
Tennantite	39
Ténorite	68
Téphroïte	154
Terre verte (Céladonite)	163
— de Vérone (Céladonite)	163
Teruelite (Dolomie)	80
Teschemacherite	94
Tétradymite	11
Tétraédrite (Panabase)	38
Tétragophosphite	129
Tétraphyline	121
Téxasite (Zaratite)	95
Thalactérite	172
Thalite	164
Thallite (Epidote)	150
Tharandite	81
Thaumasite	190
Thénardite	97
Thermonatrite	94
Thermophyllite	164
Thiorsauite	180
Thomsénolite	47
Thomsonite	184
Thorite	62
Thraulite	163
Thorogummite	190
Thraulite	163
Thulite	149
Thuringite	163
Tiemannite	30

	Nᵒˢ des vitrines.
Tilasite	121
Tin (Etain)	
Tinkal (Borax)	119
Titanaugite	170
Titaneisen (Ilménite)	67
Titane calcaréosiliceux (Sphène)	182
— oxydé (Anatase)	58
— — (Brookite)	58
— — (Rutile)	58
Titanite (Sphène)	182
Titanolivine	154
Topaze	143
— orientale	65
Topazolite	156
Torbanite	E
Torbernite (Chalcolite)	137
Tourmaline	146
Traversellite	169
Trémolite	173
Triclasite	167
Tridymite	57
Triphane	171
Triphyline	121
Triplite	128
Tripoli	69
Triploïdite	128
Tritomite	141
Trœgerite	136
Troïlite	15
Trona	94
Troostite	155
Tscheffkinite	183
Tschermakite	179
Tschermigite	114
Tungstite	49
Turgite	70
Turnerite	122
Turquoise	135
Tyrite	138
Tyrolite	134
Tysonite	46

U

	Nᵒˢ des vitrines.
Uintahite	E
Ulexite	120
Ullmannite	21
Umangite	23
Uraconise	112
Uranblüthe (Zippéite)	113
Urane arséniaté (Trœgerite)	136
— — (Walpurgine)	137
— carbonaté (Liebigite)	95
— — (Uranothallite)	95
— — (Randite)	95
— — (Voglite)	95
— oxydulé (Uraninite)	115
— phosphaté (Autunite)	136
— — (Chalcolite)	136
— — (Uranocircite)	136
— silicaté (Gummite)	190
— sulfaté (Johannite)	112
— — (Medjidite)	113
— — (Uraconite)	113
— — (Zippéite)	113
Uraninite	115
Uranite (Autunite)	136
Uranocalcite	112
Uranocircite	136
Uranoniobite (Samarskite)	139
Uranophane	190
Uranospinite	136
Uranothallite	95
Uranothorite	62
Uranotile	190
Uranpecherz (Uraninite)	114
Urao (Trona)	95
Urbanite	169

	Nos des vitrines.		Nos des vitrines.
Urdite	122	Warwickite	140
Urvölgyite (Herrengrundite)	111	Washingtonite	67
Utahite	112	Wavellite	134
		Webskyite	164
V		Websterite	111
		Weissgiltigerz (Freibergite)	39
Vaalite	160	Weissigite	177
Valencianite	177	Weissite	167
Valentinite	49	Weissnickelkies (Rammelsbergite)	23
Vallériite	1	Wernerites (Groupe des)	181
Vanadinite	125	Whewellite	E
Vanuxémite	141	Whitneyite	23
Variscite	132	Willemite	155
Vauquelinite	130	Williamsite	164
Venasquite	162	Wilsonite	181
Vermiculite	160	Wiluite	163
Vésuvianite (Idocrase)	151	Wiserine	58
Veszélyite	134	Wismuth (Bismuth)	4
Vietinghofite	139	Wismuthglanz (Bismuthinite)	11
Villarsite	154	Wismuthsilbererz (Schapbachite)	35
Violane	169	Withamite	151
Vivianite	131	Withérite	87
Vœlknerite (Hydrotalcite)	72	Wittichenite	36
Voglite	95	Wocheinite (Beauxite)	71
Voigtite	160	Wœhlerite	171
Volborthite	127	Wœhlchite	36
Volcanite	2	Wœrthite	142
Volnyne	100	Wolchonskoïte	165
Voltaïte	114	Wolfram	106
Voltzine	40	Wolframine (Tungstite)	49
Vorhauserite	164	Wolframochre (Tungstite)	49
		Wolfsbergite (Chalcostibite)	34
W		Wollastonite	171
		Woodwardite	114
Wad	96	Wülfenite	104
Wagnerite	127	Würfelerz (Pharmacosidérite)	134
Walkerite (Pectolite)	171	Würtzite	15
Walpurgite	137		
Waltherite	95		
Waluewite	162		
Wapplerite	133		
Warringtonite (Brochantite)	107		

	N^{os} des vitrines.

X

Xalostocite	156
Xanthitane	183
Xanthoconite	37
Xantholite	140
Xanthophyllite	162
Xanthosidérite	71
Xénolite	142
Xénotime	121
Xonoltite	186
Xylotile	164

Y

Yanolite (Axinite)	159
Yénite (Ilvaïte)	148
Ypoléime (Lunnite)	128
Yttérite (Tengerite)	95
Yttria carbonatée (Tengerite)	95
— fluatée (Yttrocérite)	47
— phosphatée (Xéno-time)	121
Yttrialite	145
Yttrocérite	47
Yttrogummite	190
Yttroilménite (Samarskite)	139
Yttrotantalite	139
Yttrotitanite (Keilhauite)	183

Z

Zaratite	95
Zéagonite (Gismondine)	188
Zéolites (Groupe des)	184

	N^{os} des vitrines.
Zepharovichite	133
Zeunerite	137
Zeugite	133
Zietrinsikite	E
Zigueline (Cuprite)	67
Zinc arséniaté (Adamine)	127
— — (Köttigite)	132
— carbonaté (Smithsonite)	82
— hydraté (Hydrozincite)	86
— oxydé (Zincite)	62
— phosphaté (Hopéite)	131
— silicaté (Calamine)	141
— — (Willemite)	155
— sulfaté (Goslarite)	111
— sulfuré (Blende)	13
— — (Würtzite)	15
Zincaluminite	114
Zincite	63
Zincocalcite	80
Zinconise (Hydrozincite)	86
Zinkblüthe (Hydrozin-cite)	86
Zinkenite	34
Zinkvitriol (Goslarite)	111
Zinnerz (Cassitérite)	63
Zinnkies (Stannite)	40
Zinnwaldite	161
Zippéite	112
Zircon	60
Zoïsite	149
Zorgite	26
Zundererz	35
Zunyite	141
Zurlite (Humboldtilite)	165
Zwieselite	128
Zygadite	179

PLAN DE LA COLLECTION DE MINÉRALOGIE

(REZ-DE-CHAUSSÉE DE LA GALERIE DE MINÉRALOGIE)

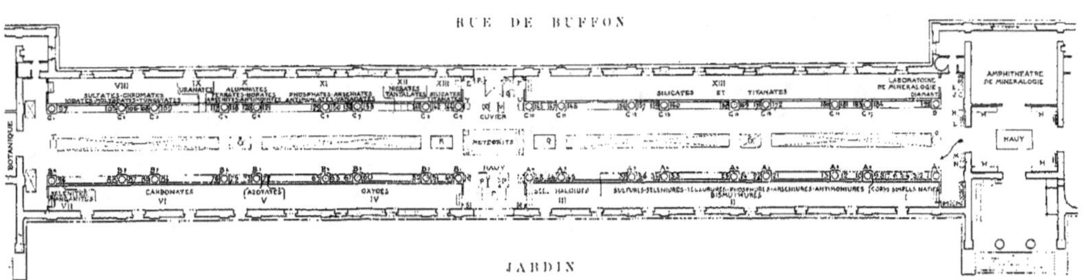

La Collection générale est située dans les vitrines et armoires *entre colonnes*, numérotées de 1 à 192 ; les composés organiques sont renfermés dans l'armoire E, à gauche de la fenêtre donnant sur la rue de Buffon.

La *Collection des minéraux de la France et de ses Colonies* se trouve dans les armoires *contre colonne* A_1 à A_6, *1re travée de gauche* ;

La *Collection technologique* — — — B_1 à B_4, *2e travée de gauche* ;

La *Collection des gisements des minéraux* — — C_1 à C_{11}, *1re et 2e travées de droite* ;

La *Collection des pierres précieuses taillées* — dans l'armoire *contre colonne* D *2e travée de droite, en entrant.*

Les collections ou objets suivants sont placés hors série :

Près de l'entrée : à gauche : M. Bloc de zaratite. N. Gros cristal de gypse.

à droite : L. Gros cristal de béryl. H. Collection de pierres précieuses de Haüy. J. Monument en basalte élevé à la mémoire de Dolomieu. K. Catalogue.

Au milieu de la galerie : S. Deux vases sculptés en marbre. R. Q. Tables et meubles contenant de gros échantillons hors série. T. Vase monumental en tuf porphyrique.

Près de la fenêtre du jardin : P. Trois tables en marqueterie.

— *de la rue de Buffon :* E. Armoire des composés organiques. F. Armoire d'objets hors série. P_4. Tables recouvertes par des collections de roches et de marbres polis. G. Collection de rubis obtenus synthétiquement par MM. Frémy et Verneuil. U. Groupe de gros cristaux de quartz. V. Bloc de noumeïte de Nouvelle-Calédonie. X. Blocs de cinabre et de réalgar. Y. Collection de graphite et de jade de Sibérie.

Dans la salle d'entrée se trouvent la collection de Haüy, placée dans un meuble central, et quatre vitrines latérales H ; ainsi que deux vitrines renfermant les modèles cristallographiques de Romé de Lisle.

Les MEUBLES, placés au milieu de la galerie, qui sont dépourvus de numérotage renferment les collections géologiques dont fait partie la collection de météorites.

DE LA

GALERIE DE MINÉRALOGIE

La Galerie de Minéralogie est *publique* les **dimanches, jeudis** et **jours de fête.**

Les **mardis, vendredis** et **samedis** elle est ouverte sur la présentation de billets délivrés sans formalités au bureau de l'**Administration**.

Le présent Catalogue est vendu au prix de **1 fr. 25.**

MACON, PROTAT FRÈRES, IMPRIMEURS.